스스로
공부하게 만드는
엄마의 말

아이의 자기 주도 학습력을 자극하는 한마디

스스로
공부하게 만드는
엄마의 말

가와무라 교코 지음 | 오민혜 옮김

RHK
알에이치코리아

자녀의 공부력을
향상시키고 싶은 엄마에게

서점에 진열되어 있는 수많은 책 중에 이 책을 골라주셔서서 정말 고맙습니다. 먼저 질문을 하나 드리고 싶어요. 여러분은 서점에서 처음 이 책의 《스스로 공부하게 만드는 엄마의 말》이라는 제목을 보고 어떤 생각을 하셨나요?

'응? 설마 그렇게 되겠어?' 하며 미심쩍은 마음으로 책을 펼쳐본 분도, '그저 말 한마디에 그렇게 된다면 시도해볼 수 있지 않을까?' 하며 반가운 마음이 든 분도 있을 겁니다.

언뜻 보면 자녀의 공부력學力, 즉 배우는 힘과 '엄마의 말'은 아무 관련이 없어 보입니다. 하지만 저희 아이들이 이제 어엿한 성인이 된 지금, 저는 제가 했던 말이 아이들에게 얼마나 큰 영향을 미쳤는지 절감하고 있습니다. 제가 이런 말을 자신 있게 할 수 있는 데는 이유가 있습니다.

저는 20년이 넘는 기간 동안 세 아이를 길렀습니다. 첫째 아이가 태어난 후로 줄곧 아이들의 능력을 키우는 데 집중해 왔지요. 앞으로 책에서 자세히 이야기하겠지만, 그 결과 첫째는 도쿄대학교 이과 1류에, 둘째는 교토대학교 이학부에 합격했습니다. 또 막내딸은 중학교 3학년 때 혼자 영국으로 유학을 가서, 지금은 원하던 명문 고등학교에서 공부하고 있죠.

세 아이 모두 학원에 다니지 않고 스스로 공부하고 진로를 결정해 진학한 겁니다. 제가 이런 이야기를 하면 많은 부모님들이 이렇게 말하곤 합니다.

"원래부터 아이들이 타고나게 머리가 좋았겠죠!"
"우리 아이는 어림없어요."

정말 그럴까요? 절대 그렇지 않습니다.

저희 아이들도 어릴 적에는 보통의 아이들과 다를 바 없었습니다. 성적이 눈에 띄게 좋은 것도 아니었죠. 그런데 어떻게 그처럼 평범했던 아이들이 하나같이 좋은 성적을 거두며 일류 학교에 진학할 수 있었던 걸까요?

저는 자녀의 학력을 결정짓는 데는 엄마의 말이 가장 큰 요인이 된다고 생각합니다. 자녀들이 만 12세가 될 때까지 제가 아이들에게 건넨 말이 가장 큰 영향을 미친 것이죠.

하지만 저는 아이들 주변을 맴돌며 어릴 때부터 혹독하게 공부를 시키고 온갖 일에 지나치게 관여하는 이른바, '헬리콥터 맘'이 아니었습니다. 다른 사람들 눈에는 오히려 '느슨한 엄마'로 보일 정도였으니까요.

저는 세 아이를 키우면서도 제 일을 놓지 못한 워킹맘이었고, 본래부터 꼼꼼하지 못한 편이라 누군가에게 일일이 이래라 저래라 잔소리하는 유형도 아니었죠. 그런 것은 애초에 성격에 맞지 않았습니다.

제가 한 것이라고는, 평소 자녀들과 생활하면서 그때그때 상황에 맞춰 아이들의 잠재된 능력이 쑥쑥 자랄 수 있도록 관심을 주고 말을 건넨 것뿐입니다.

어느 누구라도 할 수 있는 간단한 것들이죠. 이 책을 읽는 독자들 중에는 설사 엄마가 하는 말에 따라 자녀의 공부력이 향상된다고 해도, 잘 해낼 자신이 없다고 주저하는 분도 있을 겁니다. 하지만 걱정하지 마세요. 그런 분들을 위해 이 책에서 제시하는 방법들이 누구나 할 수 있는 일이며, 제 말이 결코 틀리지 않았다는 것을 증명해 보이겠습니다.

저는 현재 저의 개인적인 노하우가 담긴 육아법과 아이를 변화시키는 말하기 비결을 전수하는 '어머니 아카데미母學'를 운영하고 있습니다. 무한한 성장 가능성을 품고 있는 연령대의 아이를 키우고 있는 엄마들이 대상이지요. 엄마들은 지금까지 아이를 대하는 자신의 언행에 어떤 문제가 있었는지 살펴보고, 아이가 공부할 때와 일상에서 보여야 할 엄마의 자세를 배웁니다. 결코 어려운 방법들이 아니기 때문에, 엄마들은 배운 그날 바로 실천합니다. 그리고 여러 엄마들이 제게 다음과 같은 메시지를 보내주곤 하지요.

생각과 말투만 바꿨을 뿐인데, 5분 이상 집중하지 못하던 아이가 수학 올림픽에서 은메달을 땄어요!

—초등학교 2학년 남자아이를 둔 엄마

'가나다라'도 제대로 못 쓰던 아들에게 선생님께 배운 방법으로 독후감을 쓰게 했더니, 학교 대표로 뽑혔어요! 지금은 스스로 글짓기를 해요.

—초등학교 1학년 남자아이를 둔 엄마

말하는 방식과 아이를 대하는 태도를 바꿨더니, 딸애가 스스로 여름방학 과제인 자유연구에 몰두해 전국 대회에서 대상을 받았어요!

—초등학교 4학년 여자아이를 둔 엄마

선생님 수업을 통해 평소에 아이에게 어떻게 말해야 하는지 배워서 실천했어요. 그런데 우리 애가 수학 자유연구에서 장려상을 받았지 뭐예요!

—초등학교 1학년 남자아이를 둔 엄마

어떤가요?

아이들이 무럭무럭 성장하는 모습이 눈에 보이는 것 같죠? 이 아이들뿐 아니라 저에게 배운 방법대로 실천한 모든 엄마의 자녀들이 깜짝 놀랄 만큼 성장하고 있습니다. 이처럼 엄마의 언행이 자녀에게 끼치는 영향은 실로 대단합니다.

이 책에는 제가 지금까지 수천 권의 책을 읽고 강의를 들으며 배운 육아법과 실제 저희 아이들에게 실천한 말하기 방법이 고스란히 담겼습니다. 하나도 어렵지 않고, 누구나 당장 실천할 수 있는 방법들이죠. 하지만 그 효과는 저의 아이들뿐 아니라 수많은 아이의 눈부신 성장을 통해 이미 입증되었습니다.

자, 여러분도 자녀들에게 더 좋은 엄마가 될 준비가 되었나요? 그럼 시작해볼까요?

어머니 아카데미 학장, 가와무라 교코

contents

1장 핵심은 생각하는 힘

2장 아이의 가능성을 짓밟는 말

3장 아이의 자기긍정감을 높이는 말

4장 아이를 스스로 생각하게 만드는 말

5장 아이를 공부하게 만드는 엄마의 말

6장 아이를 성장시키는 엄마의 말

프롤로그

불안에서 확신으로

저는 스물다섯 살에 결혼했습니다.

'결혼하면 아이가 생길 텐데, 아이가 태어나면 어떻게 하지? 그냥 남들처럼 키우면 되겠지 뭐.' 결혼하기 전에는 그렇게 막연히, 낙관적으로 생각했습니다. 하지만 막상 결혼을 하고 나니, 갑자기 육아가 현실적인 문제로 대두되면서 덜컥 겁이 났습니다.

'나 같은 사람이 아이를 잘 키울 수 있을까?'

15

육아 지식이라곤 거의 전무하다 싶을 정도였기에 정말 자신이 없었죠. 그러면서도 막연하게나마 태어나지도 않은 아이에게 작은 소망을 하나 가지고 있었습니다. 아이가 태어나면 장차 사회에 이바지하는 사람으로 키우고 싶다는 바람이었죠.

육아에 정답이 있을까?

이상하게도 우리 아이가 '착한 사람이 되었으면', '명문대에 들어갔으면' 같은 생각은 들지 않았습니다. 그런데 어떻게 해야 자녀를 사회에 이바지하는 사람으로 키울 수 있을까요. 스물다섯 살에 불과했던 저는 짐작조차 할 수 없었습니다.

그때만 해도 가정에 컴퓨터가 보급되지 않았고 인터넷도 없었습니다. 그래서 저는 가까운 도서관에서 육아와 자녀교육에 관한 책을 빌려 공부하기 시작했죠. 매주 도서관에 다니며 육아 관련 책은 한 권도 빠짐없이 읽었습니다. 그중에는 외국인 저자가 쓴 책도 많았기에, 일본과 외국의 육아법이 어떻게 다른지도 자연스럽게 알게 되었죠.

그렇게 무려 5년이라는 기간 동안 육아 예습을 하고 나니, '배운 대로 잘 적용한다면 나도 아이를 멋지게 키울 수 있겠다' 싶은 확신이 생겼습니다.

그렇게 된 데는 많은 육아법을 공부하면서 정리하고 취합한 '하나의 가설'이 있었기 때문입니다.

'아이에게 이 힘만 길러준다면 자연스럽게 다양한 능력이 쑥쑥 자라날 거야. 이 힘만 있으면 공부도 잘할 수 있고, 사회에 나가서도 쓸모 있는 사람이 될 것 같은데?'

이 같은 가설에 도달하기까지 결혼 후 무려 5년이라는 시간이 걸린 겁니다. 사람 마음이 어쩌나 갈대 같은지, 그렇게 자신이 없어 불안해하던 제가 막상 결론을 내리고 나니, 빨리 아이를 낳아 키워보고 싶다는 생각까지 하게 되었죠.

얼마 지나지 않아, 첫째를 갖게 되었습니다. 10개월이라는 기간 동안 점차 배가 불러올수록 육아에 거는 기대 또한 점점 커졌습니다.

아이들을 키우며 지킨 두 가지

시간이 흘러, 저는 무사히 남자아이를 출산했습니다. 그리고 출산 전에 세운 그 가설에 따라 육아를 시작했죠. 당시 저는 육아에 임하는 자세를 크게 두 가지로 정리해, 지키기로 마음먹었습니다.

첫째, 되도록 관여하지 않고 지켜본다.
둘째, 상황에 걸맞은 말만 건넨다.

쉽게 말해, '느슨한 엄마'가 되려고 한 겁니다. 이렇게 써놓고 보면 쉬운 일 같은데, 막상 아이가 눈앞에 있으면 엄마는 가만히 있기가 힘듭니다. 첫째 아이가 겨우 허리를 세워 앉을 수 있게 된 무렵이었습니다. 아직 완벽하게 균형을 잡을 수 없다보니, 아이는 종종 옆으로 쓰러지며 넘어질 위기에 놓였습니다. 그럴 때마다 아이의 등을 지탱해주려는 생각에 손부터 나가곤 했죠.

하지만 '관여하지 말고 지켜보자'고 스스로를 타이르면서, 아이가 넘어지는 모습을 그저 지켜보려고 애썼습니다.

말처럼 쉽지 않은 일

아이에게는 어떤 말을 해주는 게 좋을까요? 이 역시도 어려운 문제입니다.

부모와 자녀는 주로 말로 소통하는데, 아무래도 말을 걸고 많이 이야기하는 쪽은 부모입니다. 그런데 나중에 제가 아이에게 한 말을 하나씩 떠올려보니, 감정적으로 이야기할 때가 많았습니다. 즉, 아이를 위해서라기보다 '내 감정에서 비롯된 말'을 할 때가 훨씬 많았다는 뜻이죠.

예를 들어볼까요?

아이가 초등학생이 되면 날마다 해야 할 숙제가 있습니다. 아이들 대부분은 숙제를 달가워하지 않죠. 게다가 수업이 끝나자마자 친구들과 놀고, 집에 들어와서 저녁 먹고 씻고 나면, 이미 잠자리에 들어야 할 시간이 됩니다.

'자기 숙제는 스스로 알아서 하겠지.'

머리로는 알고 있으면서도 책가방도 열어보지 않고 놀이에

빠져 있는 아이를 보면, 점점 화가 납니다. "공부해!"라는 말이 목구멍까지 치밀어 오르죠. 그러나 이때 저는 다음과 같이 생각하며 마음을 다독였습니다.

'지금 감정적으로 대응해 아이와 부딪히면, 정작 중요한 그 힘이 자라지 않을 거야.'

이렇게 생각하고 나면, 신기하게도 화가 가라앉고 그 상황에 걸맞은 말이 떠오르곤 했죠. 첫째 아이 이후로 둘째 아들과 막내딸도 태어났지만, 세 아이 모두 앞서 말한 두 가지 방침을 지키며 키웠습니다. 결과가 어땠을까요?

자녀들이 성장할수록, 아이에게 필요한 '그 힘'이 무럭무럭 자라고 있다는 것이 느껴졌습니다. 그렇게 19년이라는 세월이 흘러, 첫째 아이가 대입 시험을 보는 날이 다가왔습니다.

나의 육아법은 틀리지 않았다

이처럼 느슨한 엄마 밑에서 자란 아이들은 어떻게 성장했을까요?

 책 서두에서 언급했듯이, 첫째는 도쿄대학교에, 둘째는 교토대학교에 합격했습니다. 중학교 3학년 때 혼자 영국으로 유학을 간 딸아이도 고입 시험을 통과한 뒤 원하던 고등학교에 다니고 있죠. 두 아들 모두 학원에 다니지 않고 혼자 공부해서 중학교 입시와 대학교 입시를 치렀습니다.

 앞에서 저는 무려 5년간의 육아 예습을 통해 내린 가설에 따라 아이들을 키웠다고 말했습니다. 이 역시 '그 힘'을 기르기 위한 가설이었죠. 이쯤 되니 그 힘이란 게 과연 무엇일지 궁금해지지 않나요? 그건 바로 '생각하는 힘'입니다.

 아이에게 생각하는 힘만 길러주면 엄마가 굳이 잔소리하고 닦달하지 않아도, 알아서 아이들의 능력이 쑥쑥 자라납니다. 생각하는 힘만 있으면 공부도 잘하고, 사회에 나가서도 쓸모 있는 사람이 될 것이라 믿었습니다. 이러한 가설을 바탕으로 저는 세 아이를 키웠고, 이 육아법이 틀리지 않았다는 걸 증명해낸 셈입니다.

공부의 효율성을 끌어올리려면

자녀에게 생각하는 힘이 생기면 어떤 유익이 있을까요?

우선 학습면에서 예를 하나 들어보겠습니다. 만약 한자 100개를 외워야 하는 과제가 있다고 가정해봅시다. 다짜고짜 한자들을 머릿속에 집어넣으려고 하면 큰 고통이 따릅니다. 대부분은 여러 번 읽고 써가면서 외우는 방법을 택하는데, 시간도 많이 걸리고 고생스럽죠.

또 그렇게 무작정 노력해 외운다고 해도, 하룻밤 자고 일어나면 웬만한 것은 잊어버려 기억나지도 않을 겁니다. 그렇게 되면 애써 외운 한자를 금방 잊어버렸다는 좌절감에 빠져 다시 공부하기도 싫어집니다.

하지만 생각하는 힘이 있으면 다릅니다. 한자도 효율적으로 외울 수 있습니다. 저희 아이들은 한자를 외우기 전, 우선 각 한자를 부수의 종류와 획수, 평소에 사용하는 빈도 등으로 분류했다고 합니다. 그렇게 분류해두면 외우기도 쉽고 잘 잊어버리지도 않게 된다고 하더군요.

생각하는 힘이 있기에 가능한 일입니다. 한자 암기만 놓고 봐도, 한 번 보기만 해도 외워지는 사람, 열 번 써야 외워지는 사람, 백 번 써도 잘 외워지지 않는 사람으로 나뉩니다. 이들은 공부 시간이나 공부할 때 느끼는 감정(좋고 싫음)에서 차이가 날 수밖에 없지요.

한자뿐 아니라 다른 과목도 마찬가지입니다.

수학과 과학, 사회는 물론, 중학교 과정에서 본격적으로 접하게 되는 영어에 이르기까지 공부를 할 때 생각하는 힘을 활용하느냐 아니냐에 따라 학습의 효율성은 여간해서 좁히기 어려울 만큼 크게 벌어집니다.

그러니 가장 먼저, 자녀에게 생각하는 힘을 길러주세요.

생각하는 힘이 생기면 공부력은 자연스럽게 뒤따릅니다. 아이가 공부하는 것을 좋아하게 되므로 공부력이 점점 더 향상되지요. 사회에 진출해 일하게 될 때도 생각하는 힘이 필요합니다. 일이라는 것이, 스스로 문제점을 찾아서 개선할 방법을 강구하고, 순서를 정해서 하나씩 해결해나가야만 성과가 나오는 것이기 때문입니다.

공부력은 저절로 따라온다

지금까지 제가 실제로 아이들을 키우며 가장 관심을 두었던 '생각하는 힘'이 얼마나 중요한지 이야기했습니다. 엄마가 자녀가 어릴 때부터 이 힘을 길러줘야겠다고 의식하면서 육아를 한 경우와 그렇지 않은 경우 시간이 지날수록 그 차이가 명확히 드러납니다.

그런데 안타깝게도, 생각하는 힘이라는 것이 구체적으로 무엇인지, 생각하는 힘을 기르려면 평소에 어떤 노력을 해야 하는지를 궁금해하고 고민하면서 아이를 키우는 부모는 그리 많지 않은 듯합니다.

하지만 마음 놓으세요. 지금부터 배우면 되니까요. 다음 장부터 본격적으로 자녀에게 생각하는 힘을 길러주려면 어떻게 해야 하는지 살펴보겠습니다. 부모가 꼭 해야 할 일과 절대 하지 말아야 할 일도 꼼꼼하게 알려드릴게요.

그중에는 금방 효과가 나타나는 방법도 있지만, 그렇지 않은 방법도 있습니다. 당장 눈에 띄는 효과가 보이지 않더라도,

장차 아이에게 든든한 무기가 될 거라 믿으며 실천해보세요. 이번 장에서는 일단 '아이에게 생각하는 힘을 길러줘야지!' 하는 마음만 굳게 다지면 됩니다.

생각하는 힘이 생기면 공부력은 저절로 향상됩니다. 그럼 지금부터 생각하는 힘이 무엇인지 자세히 살펴볼까요?

프롤로그

1장

핵심은
생각하는 힘

우리 아이에겐 공부력이 있을까?

저희 아이들이 명문대에 현역으로 합격할 수 있었던 가장 큰 이유는 그들에게 생각하는 힘이 있었기 때문이라 생각합니다. 그럼 이쯤에서 생각하는 힘과 공부력이 무엇인지 한번 짚고 넘어가겠습니다.

'공부력'이라고 하면 시험 성적이나 점수, 혹은 편차치偏差値(학력검사 점수를 전체 평균과 표준 편차에 따라 정규화한 수치로, 우리나라의 표준 점수와 계산 원리가 같다-옮긴이)를 떠올리는 사람이 많습니다. 그것들이 아이들의 학습 능력을 가장 판단하기 쉬운 지표이기 때문이죠.

한자나 단어, 구구단, 전국 지명이나 꽃 이름을 암기하는 것이 공부력을 향상하는 지름길이라고 생각하는 사람도 있습니다. 보통 지식이 늘어나면 공부력이 향상된다고 믿으니까요. 물론 지식이 늘어나면 시험 점수가 올라갑니다. 학습력도 향상된 것처럼 느껴지죠. 하지만 지식을 꾸준히 쌓아간다고 시험 점수가 계속 올라가는 것은 아닙니다.

많은 단어와 구구단을 외우는 것이 공부의 전부가 아니기 때문입니다. 암기력은 그저 공부력의 일부에 지나지 않는 것이죠.

중학교 때 주춤하는 아이에겐 이유가 있다

바다 위에 떠 있는 빙산을 상상해보세요. 수면 위로 보이는 부분은 극히 일부입니다. 빙산 대부분은 수면 아래에 가라앉아 있으니 겉으로는 보이지 않죠. 공부력을 빙산에 비유하면, 수면 위로 나와 있는 부분이 지식입니다. 그럼 수면 아래 있어서 잘 보이지 않는 부분은 무엇일까요?

바로 수면 아래 가라앉은 부분이 생각하는 힘입니다.

공부력 개념도 - 빙산 모델

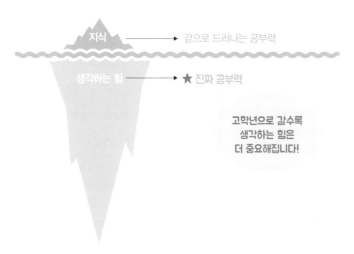

초등학교 때는 수면 위 보이는 지식만 늘려도 어느 정도 성적이 나옵니다. 그래서 자칫 '우리 아이의 공부력이 꽤 괜찮은 편이구나' 하며 착각하기 쉽죠. 하지만 똑같이 지식을 늘려가는 방식으로만 공부하다 보면, 아이가 중학교에 올라간 뒤에는 주춤하게 됩니다.

여러분 주변에도 그런 아이들이 있지 않나요? 초등학교 때까지만 해도 공부를 곧잘 해서 "이대로 가면 일류 대학교도 문제없이 들어가겠네!"라는 말을 자주 들었는데, 중학교 혹은 고등학교에 진학할 즈음에는 평범한 성적을 내는 아이들 말이죠.

사실은 제가 그런 아이였습니다. 초등학교 시절엔 교과서에 적힌 내용이 머리에 쏙쏙 들어와서, 특별히 시간을 내 공부하지 않아도 시험을 보면 늘 100점을 맞았죠. 그런데 중학교에 올라가니 수학 교과서의 내용이 잘 이해되지 않더군요. 글자를 읽어도 무슨 뜻인지 도통 알 수가 없었습니다. 아무리 생각해도 머릿속에 글자만 맴돌 뿐, 문제를 푸는 공식도, 정답도 떠오르지 않았죠.

중학교 때 그랬으니, 고등학교 수학이야 오죽했을까요. 시험을 볼 때마다 살얼음판 위를 걷는 기분이었습니다. 당시에는 '공부를 많이 안 해서 모르는 거야' 하며 자책했는데, 지금은 왜 그랬는지 압니다.

초등학교 때 생각하는 힘을 단련하지 않았기 때문이죠. 수면 위 드러난 부분이 공부력처럼 보여도, 수면 아래 가라앉은 생각하는 힘이야말로 진짜 공부력이었던 겁니다. 지식을 늘리는 일도 중요하지만, 보다 먼 미래까지 생각한다면 지식보다 생각하는 힘을 길러야 합니다.

눈앞의 결과보다 멀리 보기

그런데 한 가지 기억해야 할 것이 있습니다.

아무리 생각하는 힘을 길렀다고 해도, 초등학교 때는 이것이 성적으로 거의 드러나지 않는다는 점입니다.

지식만 달달 외운 아이나 생각하는 힘을 가진 아이나, 초등학교 시험 문제에서는 차이가 크게 벌어지지 않습니다. 저희 두 아들도 초등학교 시절 성적이 나쁘지는 않았지만, 그렇다고 눈에 띄게 좋은 편이 아니었습니다. 진가가 드러난 것은 중학교 고학년이 되었을 무렵부터였죠. 성적이 쑥쑥 올랐거든요.

진짜 공부력을 의미하는 생각하는 힘은 중학교, 고등학교에 올라갈수록 더욱 커다란 힘을 발휘합니다. 그러니 당장 결과가 나오지 않는다고 해도 조바심내지 마세요.

02

목표로 하는 학교의
입시를 앞두고 있다면

자녀가 중학교에 들어갈 때부터 입시를 치러야 하는 경우
도 있을 겁니다. 생각하는 힘이 입시와도 관계가 있을까요?

입시라는 난관이 눈앞에 닥치면, 시험 점수나 편차치 같은
'눈에 보이는 숫자'에 흔들리게 마련입니다. 합격과 불합격이
당일 치른 시험 점수로 거의 결정되기 때문이죠. 아이가 모의
고사 결과에 울고 웃는 것도 당연합니다.

궁극적인 목적은 무엇일까?

이러한 이유로 부모와 아이 모두, 목표로 하는 학교에 합격할 확률을 조금이라도 높이기 위해 빠른 시간 안에 더 많은 지식을 머릿속에 집어넣으려고 안달하게 됩니다. 물론 이 방법이 완전히 틀렸다고 할 수는 없겠지만, 그보다는 진짜 공부력인 생각하는 힘을 길러야 합니다. 이유는 두 가지입니다.

첫째, 진학하기 어려운 학교일수록 지식만으로는 풀지 못하는 문제, 즉 생각하는 힘이 필요한 문제를 출제하기 때문입니다. 예전에도 그랬지만 이러한 경향은 갈수록 더 심해질 겁니다. 따라서 그저 눈에 보이는 숫자에 연연해하기보다 우리 아이에게 생각하는 힘이 있는지 없는지 살펴야 합니다.

둘째, 설사 원하는 학교에 진학하게 되더라도 생각하는 힘이 없으면, 학교에 다니면서 아이가 힘들어할 확률이 높기 때문입니다. 명문학교에 합격하고 나면 이제 아이는 소수정예 우수한 아이들 사이에서 함께 공부하게 됩니다. 또 중학교 이상의 교과 수준과 방대한 학습량을 감안하면, 생각하는 힘이 없는 학생이 좀처럼 감당하기 어려운 게 사실입니다.

목표로 하던 학교에 들어가기 위해 죽어라 공부해서 합격했는데, 자신의 지식과 힘을 입시에 모두 소진해버리고 정작 들어간 학교에서는 밑바닥을 헤맨다면 무슨 의미가 있을까요? 입시만을 위한 공부는 진학한 학교에서 제대로 공부할 수 있는 환경을 확보하는 데는 그다지 도움이 되지 않습니다. **특히 그렇게 확보한 환경 역시 생각하는 힘이 있어야만 효과적으로 활용할 수 있지요.**

입시를 준비할 때는 합격 가능 여부를 떠나, 내 아이가 진학할 중학교와 고등학교에서 정말 즐겁게 생활할 수 있을지, 이 부분까지 고려해보기 바랍니다.

03

생각하는 힘은
몇 살까지 기를 수 있을까?

이제 아이의 공부력에 있어 생각하는 힘이 대단히 중요하다는 사실을 알게 되었을 겁니다. 그렇다면 이 힘은 몇 살까지 기를 수 있을까요? 이렇게 물으면, '굳이 몇 살까지라고 제한할 필요가 있을까?' 하고 되묻고 싶은 분들도 있을 겁니다.

물론 생각하는 힘은 성인이 된 이후에도 기를 수 있습니다. 하지만 인간이 사고하는 틀은 세상에 태어나 얼마나 오랜 기간 살았고, 어떻게 살아왔는지에 따라 달라지게 마련입니다.

평생 다른 사람의 의견에 순응하며 스스로 생각하는 습관 없이 살아온 사람이, 성인이 된 이후 갑자기 생각하는 힘을 기르기란 쉬운 일이 아니죠.

왜 만 12세까지인가

저는 자녀의 생각하는 힘을 가장 효율적으로 키울 수 있는 시기는 만 3세부터 12세까지라고 생각합니다. 바꿔 말하면, 생각하는 힘은 아이가 중학교에 들어가기 전, 초등학생일 때 길러줘야 합니다. 그 이유는 두 가지입니다.

첫째, 자녀가 사춘기에 접어들면 부모의 말을 순순히 따르지 않기 때문입니다. 중학생이 된 아이에게 "넌 ○○를 어떻게 생각해?"라고 물어본다면 뭐라고 대답할까요? "아, 몰라!"라는 퉁명스러운 답변이 돌아올 겁니다. 그렇게 부모에게 반항하는 것도 한편으로는 호르몬과 신체 발육 속도에 따라 자녀가 정상적으로 성장하고 있다는 뜻이니 어쩔 수 없죠.

둘째, 만 12세까지가 인간의 뇌에서 무언가를 흡수하는 능

력이 가장 뛰어나기 때문입니다. 인간의 뇌는 만 12세까지 성
장을 거듭하면서 많은 정보와 지식, 감정, 사건 들을 있는 그대
로 흡수한다고 합니다. 주변만 보더라도 초등학생들은 복잡한
게임 속 캐릭터의 이름이나 그들의 세세한 특징을 순식간에
외워버리죠. 이런 일이 가능한 것도 그만큼 뇌가 쑥쑥 성장을
거듭해, 흡수력이 엄청나기 때문입니다.

따라서 이때 부모가 자녀에게 생각하는 힘을 길러주려고
노력하면, 아이들의 뇌는 스펀지처럼 쏙쏙 흡수합니다. '쇠뿔도
단김에 빼라'라는 말이 있죠? 빠르면 빠를수록 좋습니다. 아이
가 중학교에 올라가기 전까지가 최적기라는 걸 명심하세요.

04

생각하는 힘이 선사하는
다섯 가지 유익

아이에게 생각하는 힘이 생기면 어떤 점에서 유익할까요?
장점은 크게 다섯 가지입니다.

① 아이가 공부하는 것을 좋아하게 된다.

② 성적이 올라간다.

③ 지식의 폭이 넓어진다.

④ 시간을 효율적으로 쓰게 된다.

⑤ 스스로 문제를 찾아서 해결하게 된다.

그럼 하나씩 자세히 살펴볼까요?

① 아이가 공부하는 것을 좋아하게 된다

퍼즐을 좋아하는 아이는 퍼즐 조각을 맞추면서 정말 즐거워합니다. 조각을 하나씩 끼울 때마다 점점 형태가 갖춰지는 것을 보는 쾌감, 마지막 한 조각을 끼웠을 때 느끼는 성취감이 엄청나기에, 퍼즐 하나를 모두 맞춘 뒤에 또 다른 퍼즐을 하고 싶어 조바심을 내게 되는 것이죠.

하지만 퍼즐을 좋아하지 않는 아이는 어떤가요? 아무리 재미있어 보이는 퍼즐을 들이밀거나, 퍼즐을 맞추라고 강요해도 선뜻 하겠다고 나서지 않죠. 혹시 "이 퍼즐을 완성하면 만 원 줄게!"라는 보상을 내건다면 할지도 모르겠네요. 하지만 그렇게 해서 아이가 퍼즐을 맞춘다면 이는 단지 보상을 받기 위해 한 것이기에, 다음 퍼즐도 하게 만들려면 이젠 2만 원을 준비해야 할지도 모릅니다.

이처럼 스스로 좋아서 하는 마음을 '내적 동기', 누군가로부터 보상을 받기 위해 하는 마음을 '외적 동기'라고 합니다. 내적 동기가 있으면 그 일 자체가 좋고 재미있으니 스스로 행동합니다. 하지만 내적 동기가 없으면 외부의 자극(보상)이 있어야만 움직이게 되죠.

그럼 퍼즐을 '생각하는 행위'로 바꿔볼까요? 무언가가 보이지 않나요? 공부라는 건 곧 생각하는 행위이기 때문에 다음과 같은 흐름이 발생하게 됩니다.

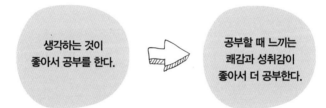

생각하는 것이 좋아서 공부를 한다.

공부할 때 느끼는 쾌감과 성취감이 좋아서 더 공부한다.

아이에게 생각하는 힘이 생기면, 생각하는 그 과정 자체가 좋아서 공부하게 되고, 자연스럽게 공부하는 것이 좋아집니다. 그러다 보면 공부하면서 느끼는 쾌감과 성취감이 좋아서 누가 시키지 않아도 스스로 공부하게 되는 것이죠.

② 성적이 올라간다

이건 한번에 수긍이 가는 대목일 겁니다. 우선 생각하는 힘이 생기면 선생님의 수업 내용을 제대로 이해하고 시험 문제의 출제 의도까지 파악하게 되므로 점수가 오릅니다.

학습의 궁극적인 목표는 '살아있는 지식'을 얻는 것입니다. 이는 배움에서 그치는 것이 아니라, 실생활에 활용할 수 있는 지식을 의미합니다. 살아있는 지식은 교과서의 자잘한 지식과 공식을 통째로 외울 때가 아니라, 그 지식을 암기하는 방법을 스스로 도출하거나 어째서 그 공식을 적용해야 하는지 진지하게 고민할 때 비로소 얻을 수 있습니다. 살아있는 지식이 쌓이니 당연히 성적이 오를 수밖에요.

③ 지식의 폭이 넓어진다

생각하는 행위는 아주 작은 한 점에서 출발해 사고를 넓혀나가는 과정이기도 합니다. 여러분은 더운 여름날 얼음물을 마시면서, '왜 얼음은 물에 뜰까?' 하고 궁금해한 적이 있나요? 원래

얼음은 물과 같은 물질이니까, 물 위에 뜨지 않고 섞여 있어야 맞지 않을까요?

오래전 여름날, 당시 초등학생이던 저희 둘째 아이가 얼음을 넣은 시원한 차를 마시다 말고 이렇게 말하더군요.

"얼음이 동동 뜨는 걸 보니, 물은 얼면 부피(체적體積)가 늘어나나 봐."

그렇게 가설을 세운 아이는 마시던 차를 페트병에 가득 담은 뒤 냉동실에 넣더군요. 다음 날 일어나서 냉동실을 열어보니 페트병이 터져 있었습니다. 그 모습을 본 둘째 아이가 이렇게 말했습니다.

"역시 물을 얼리면 부피가 늘어나는구나. 그래서 페트병이 터진 거야!'

자신이 세운 가설이 옳았음을 스스로 증명해낸 것이죠. 이처럼 생각하고 또 생각하면, 당장은 아니더라도 뜻밖의 계기를 통해 결론을 얻게 됩니다. 이러한 과정을 거치면서 지식의 폭도 점점 넓어지겠죠. 점과 점이 이어져 선이 되고, 선과 선이 이어져 면이 되듯이 말이죠.

'얼음은 물에 뜬다', '페트병에 차를 가득 넣고 얼리면 병이 터진다'라는 사실만 단순히 암기했다면, 그 둘이 어떻게 연관되는지는 깨우치지 못했을 겁니다.

④ 시간을 효율적으로 쓰게 된다

누구에게나 똑같이 하루 24시간이 주어집니다. 그러나 그하루라는 시간 동안 처리하는 일의 양은 사람에 따라 차이가 생깁니다. 많은 일을 해내는 사람이 있는가 하면, 일을 거의 하지 못하는 사람도 있죠. 그러면 똑같은 24시간이라도 그 의미가 달라집니다.

생각하는 힘이 있으면 시간을 어떻게 활용할 수 있는지 계획을 세우고 꼼꼼히 따지기 때문에, 자연스럽게 시간을 더 효율적으로 쓰게 됩니다. 무엇보다 **어떤 일을 하는 데 순서를 정할 수 있다는 게 장점입니다.** 예를 들어볼까요?

초등학생의 커다란 고민거리 중 하나는 무엇일까요? 바로, '숙제를 언제 하지?'입니다. 초등학생도 날마다 해야 하는 제 나름대로의 일이 많습니다. 학교도 가야 하고, 공부도 해야 하고, 수업이 끝나면 친구들과도 놀아야 하고, 학원에도 가야 하고…. 그러다 보면 숙제는 뒷전으로 밀리기 십상이죠.

하지만 생각하는 아이는 '언제 숙제를 해야 가장 효율적이고, 놀 시간도 확보할 수 있을까?'라고 생각합니다. 이렇게 한번 생각해보면 숙제를 결코 뒤로 미루지 않게 될 겁니다.

저희 아이들이 초등학교에 다닐 때는, 계절에 따라 하교 시간이 달랐습니다. 여름에는 저녁 6시, 겨울에는 5시였죠. 우리 집 저녁식사 시간은 늘 6시 반이었는데, 그 전에 숙제와 심부름을 끝내야 한다는 규칙이 있었어요. 그러니 여름에는 아이들이 수업 마치고 친구와 어울리다 집에 들어오면, 숙제와 심부름을 할 시간이 없습니다.

그래서 아이들은 얼른 집에 돌아와 숙제를 먼저 한 다음, 놀러나가곤 했습니다. 반대로 겨울에는 숙제를 하고 나면 놀러갈 시간이 없으니, 친구와 먼저 놀고 집에 와서 숙제를 했지요.

그리고 아이들이 고학년이 되자, 여러 가지 대안을 짜내기 시작하더군요.

① 학교에서 아예 숙제를 모두 하고 온다.
② 숙제는 아침에 일어나 하는 것으로 엄마와 협상한다.

누구에게나 하루는 24시간이지만 어떻게 쓰느냐에 따라 효율이 크게 달라진다는 사실을 초등학교 때부터 깨우치면, 이후로도 시간을 알차게 보낼 수 있게 됩니다. 시간을 효율적으로 활용하는 습관은 사회에 나가 일을 하거나 가정생활을 할 때도 큰 도움이 되겠죠! 그런 뜻에서 초등학교에 다니는 6년이란 기간은 시간 활용법을 연습하는 기간이라고도 할 수 있습니다.

⑤ 스스로 문제를 찾아서 해결한다

'학력學歷 중심 사회', '연공서열 제도'라는 말이 보여주듯, 이제껏 우리 사회는 눈에 보이는 학력과 연령이라는 기준으로 한 사람을 판단해왔습니다. 또 '주어진 일을 정확히 해내는 사람'이 우수하다는 평가를 받아왔죠. 하지만 도래하는 시대에는 그런 자세만으로는 좋은 평가를 기대하기 어렵습니다.

인간보다 더욱 빠르고 정확하게 일을 처리할 수 있는 컴퓨터의 등장과 인공지능의 발달로, 학력을 중시하는 풍조나 연공서열 제도는 이미 상당히 붕괴되었습니다. 그렇다면, 미래 사회에서는 어떤 인재를 필요로 할까요?

저는 '스스로 문제를 찾아서 해결하는 사람'일 것 같습니다. 문제를 스스로 찾아내려면 수동적으로 움직여서는 안 됩니다. 자신의 힘으로 생각하고 관찰하며, 분석할 줄 알아야 하죠. 생각하는 힘이 미래 사회의 든든한 무기가 될 것이라고 한 것도 이때문입니다.

내로라 하는 대기업도 하루아침에 문을 닫는 시대입니다. 나의 자녀가 꿈꾸고 목표로 하는 회사가 갑자기 사라질 수 있다고 생각하면 불안하지 않나요? 하지만 아이가 생각하는 힘을 갖췄다면 걱정하지 않아도 됩니다. 어떤 회사든 우수한 인재를 찾고 있으며, 생각하는 힘만 갖추고 있으면 어떤 시대에도 살아남을 수 있는 인재가 될 테니까요.

05

공부력은
누구나 기를 수 있다

'아이에게 생각하는 힘을 길러줘야 한다고? 난 못 해.'
'가와무라 선생님이라서 가능한 거야.'
'원래 애들 머리가 좋았겠지!'

주변에서 이렇게 말하는 사람들이 많지만, 결코 그렇지 않
습니다. 지금 운영하고 있는 '어머니 아카데미'에서 자녀에게
생각하는 힘을 길러주는 방법을 전수하고 있는데요. 여기서 공
부한 엄마들이 밝힌 소감을 몇 가지 소개하겠습니다.

○ 500엔짜리가 몇 개 모여야, 1만 엔에 될까?

화장실에 들어간 아들이 한참이나 나오지 않더니, "500엔짜리 동전을 20개 모으면 1만 엔이야!"라고 소리치며 뛰쳐나왔습니다. 그리고 "1,000엔짜리가 10개면 1만 엔이고, 1,000엔의 절반이 500엔이니까~" 하면서 설명을 덧붙이더라고요. 왜 그렇게 화장실에 오래 있었는지 그제야 알았습니다.

_도쿄에서 초등학교 1학년 남자아이를 키우는 엄마

일본의 초등학교 1학년 학습 과정에서는 숫자 100까지만 가르칩니다. 하지만 엄마의 가르침에 따라 평소 생각하는 힘을 키운 아이가 스스로 생각해 문제를 해결한 겁니다. 이 아이는 다음 해 수학 올림픽 저학년 부문에서 결승에 올랐습니다.

○ 매일 아침 하루 목표를 세워요

저희 아들은 날마다 종이에 '오늘의 목표'를 적어서 벽에 붙여놓습니다. 아침에 정한 목표 세 가지를 그날 안에 달성하려고 노력하죠. 그중 하나라도 달성하면 옆에 스티커를 붙입니다. 이번 달에는 수학 올림픽에 출전하고, 한자와 영어 검정시험을 치르겠다고 하네요. 역사 검정시험 공부도 하기 시작했어요. 합격, 불합격을 떠나서 스스로 노력하는 자세를 응원해주고 싶습니다.

_치바에서 초등학교 2학년 남자아이를 키우는 엄마

이 아이는 공부가 하고 싶어지는 체계를 스스로 만들어서 따르고 있네요. 이렇게 되면 엄마가 "공부 좀 해!"라고 아이에게 잔소리할 필요가 없겠죠?

○ 아이가 안 듣는 것 같아도 다 듣고 있어요

아들이 학교 백일장 대회에서 금상을 받았어요! 작년 여름, 선생님이 주최하신 작문 세미나에 참가했을 땐 글짓기할 엄두도 못 내고 글자만 끄적이더니, 그래도 다 듣고 있었나 봐요. 이번 일을 계기로 부모가 전부 가르쳐주기보단 이끌어줘야 아이가 더 큰 능력을 발휘할 수 있다는 걸 깨달았습니다. 그리고 '아이를 잘 이끌어주려면 부모도 배워야겠구나' 하고 새삼 느꼈습니다.

_도쿄에서 초등학교 1학년 남자아이를 키우는 엄마

가르치기보다 이끌어주기

누군가를 가르치기는 쉽습니다. 하지만 그 사람을 이끌어 주기는 생각보다 어려운 일이죠. 아이를 잘 이끌어주려면 부모에게 '이끄는 기술'이 있어야 합니다. 그래서 부모도 배워야 하는 겁니다.

저의 수업을 들은 엄마들의 목소리를 통해 세 아이의 사례를 살펴봤는데, 이 아이들이 눈부신 성과를 거둔 이유는 단연, 그들에게 생각하는 힘이 생겼기 때문입니다. 그들의 공통점은 하늘이 내려준 영재가 아니라, 우리 주변에 흔히 있는 평범한 아이들이라는 겁니다. 그들의 엄마들 역시 고학력에 교육열이 높은 이들도 아니었어요. 다만 엄마들이 다음과 같은 굳은 마음과 믿음을 가지고 육아에 임했다는 것만은 확실합니다.

'우리 아이의 능력을 길러주고 싶다!'
'부모의 말 한마디에도 아이 능력은 달라진다.'

이제 아시겠죠? 생각하는 힘은 누구나 기를 수 있습니다. 이 책에서 자녀의 생각하는 힘을 기를 수 있는 구체적인 방법을 알려드릴 겁니다. 다만 그 전에 여러분이 꼭 기억해두었으면 하는 것이 있습니다. 아이가 생각하는 힘을 키워나갈 때 부모가 절대 해서는 안 되는 언행입니다.

부모가 해야 할 일뿐 아니라, 하지 말아야 할 일도 알아둬야 합니다. 자동차를 생각해보세요. 아무리 액셀러레이터를 힘껏 밟아도, 동시에 브레이크를 밟고 있다면 차가 앞으로 나가지 않습니다. 부모로서 하지 말아야 하는 행동을 미리 배워두는 이유도, 자녀가 앞으로 진격하는 데 방해만 되는 브레이크를 밟지 않기 위해서입니다.

아이의
가능성을 짓밟는 말

이것이 정말
아이를 위한 행동일까?

앞에서 저는, 자녀에게 생각하는 힘을 길러주기 위해 부모가 해야 할 일과 하지 말아야 할 일을 자동차의 액셀러레이터와 브레이크에 비유했습니다. 차를 운전할 때 액셀러레이터와 브레이크를 동시에 밟는 경우는 없죠. 아마 이 두 개를 동시에 밟으면 차가 고장 날 겁니다.

아이도 마찬가지입니다. 자녀의 생각하는 힘이 자연스럽게 자라도록 하려면, 액셀러레이터와 브레이크를 잘 구분해서 밟아야 합니다. 이번 장에서는 자녀를 위해 부모가 절대 해서는 안 되는 말과 행동이 무엇인지 살펴보겠습니다.

성장을 가로막는 브레이크

'어머, 아이가 필통을 두고 등교했네? 학교로 갖다 줘야지.'

"네가 이번 시험에서 100점을 맞으면 10만 원을 줄게."

"넌 커서 의사가 되렴. 사회에 보탬이 될 뿐만 아니라 연봉도 높거든."

혹시 자녀에게 이 같은 말과 행동을 한 적이 있나요? 부모라면 누구나 한두 번은 있을 겁니다. 물론 이렇게 부모가 모두 챙겨주고 직업까지 정해준다면 아이가 실패할 확률이 줄어들 겁니다.

하지만 좀 더 멀리 내다보세요. 이는 오히려 아이의 가능성을 짓밟는 일이 될 수 있습니다. 이 같은 부모의 말과 행동이 아이가 스스로 생각하는 힘을 키워나갈 기회를 빼앗기 때문이죠.

그런데도 막상 아이가 눈앞에 있으면 이것저것 다 해주고 싶은 것이 부모 마음이겠죠. 왜 부모들은 이처럼 자녀가 단 한 번의 실패도 겪지 않게 하려고 전전긍긍하는 걸까요? 답은 간단합니다. 자녀가 장차 어른이 되어 어떤 사람이 될지 지금으로선 알 수 없습니다. 구체적으로 상상해보려고 해도 정확히 인지하기 어렵죠. 반면, 지금 내 앞에서 아이가 하는 행동은 눈으로 직접 확인할 수 있습니다. 그렇다 보니 '저 아이가 실패하면 너무 안쓰러울 것 같아' 하는 마음이 작동하는 겁니다.

하지만 다시 한 번 생각해보세요. 지금 아이가 저지른 실패가 그의 미래에 얼마나 영향을 미칠까요? 저의 경험에 비추어 보건대, 아이가 **지금 한 실패는 아이의 미래에 거의 영향을 미치지 않습니다.** 오히려 지금 실패하게 됨으로써 아이가 얻을 수 있는 점이 훨씬 많죠.

아이가 깜빡 잊고 챙기지 못한 준비물을 엄마가 학교까지 가져다주면, 아이는 '아싸! 잘됐다!' 하고 생각하는 데 그칩니다. 하지만 갖다 주지 않으면, 오늘 하루 학교생활이 곤혹스럽겠죠. 친구들한테 빌리러 가야 할 수도 있고, 선생님에게 혼날 수도 있습니다. 하지만 자신의 실수를 반성하며 '내일부터는 잘 챙겨야지!' 하고 굳게 마음먹을 겁니다.

바로 이러한 경험이 자녀의 미래에 좋은 영향을 미칩니다. 제가 여러분에게 당부하려는 말이 무엇인지 이해가 되시죠? 당장 눈에 보이는 아이의 모습에만 매달리지 말고, 부모로서 아이의 미래를 상상하며 행동하고 말을 건네보세요.

지금부터 알려드릴 부모가 피해야 할 말과 행동에는 전제가 있습니다.

'자녀의 미래 모습을 상상하면서 아이를 대한다.'

꼭 기억하세요.

02

시험지를 내미는
아이에게

자녀가 학교에서 시험을 보고 돌아왔을 때, 여러분이 가장 먼저 살피는 것은 무엇인가요? 아이에게 시험을 잘 보았는지, 몇 점을 받았는지 물으면서 자연스럽게 시험지에 적힌 점수를 볼 겁니다. 당연합니다. 사실 굳이 아이에게 묻지 않아도 시험을 잘 보았는지 못 보았는지를 한눈에 판단할 수 있는 요소가 점수니까요. 그렇다면 엄마에게 시험지를 내미는 아이는 무엇을 가장 먼저 살필까요?

바로 엄마의 얼굴입니다.

내가 본 시험지에 적힌 점수를 보면, '엄마가 기뻐할까? 실망할까? 아니면 화를 낼까?' 궁금해하면서 아이는 엄마의 안색을 살핍니다. 만약 아이가 수학 시험에서 95점을 받아 엄마가 기뻐하리라 확신하며 시험지를 내밀었다고 합시다. 그런데 엄마가 이렇게 말합니다.

"왜 이렇게 쉬운 계산을 틀렸어? 이 문제만 맞았다면 100점인데!"

아이의 기분이 어떨까요? 기대가 무너져서 힘이 쭉 빠질 겁니다. 그리고 약간의 실수도 용납되지 않고, 완벽해야만 부모로부터 인정받을 수 있는 현실이 매정하고 부당하다고 느껴지지 않을까요?

시험은 이미 끝났습니다. 이미 끝나버린 시험 결과에 대해 부모인 여러분이 무슨 말을 한들, 나온 점수가 올라가지 않습니다. 그러니 이럴 때는 질책하기보다 아이가 '다음엔 더 열심히 해야지!' 하고 마음을 먹게 하는 편이 훨씬 지혜로운 전략입니다.

'다음'을 바라보게 하라

그렇다면 어떻게 해야 아이가 '다음'을 기대하게 될까요? 엄마가 가장 먼저 해야 할 것은 아이가 노력했다는 점을 인정해주는 겁니다. 시험 전날까지 열심히 공부한 아이라면, 시험 점수와 상관없이 이렇게 말해주세요.

> "어제 네가 집중해서 공부하는 모습, 엄마가 봤어. 잘하고 있구나!"

이처럼 아이의 노력을 인정하는 말을 건네는 겁니다. 반면 공부를 제대로 하지 않아 낮은 점수를 받은 아이라면, "거봐, 공부를 안 하니까 성적이 이 모양이잖아!" 하고 소리치며 혼내고 싶겠지만, 일단 참으세요. 이미 아이도 충분히 반성하고 있을지 모르니까요. 그럴 때는 다그치지 말고 이렇게 말하는 겁니다.

> "엄마는 네가 마음만 먹으면 잘하는 아이라는 걸 알아. 다음엔 더 열심히 할 거지?"

이렇게 아이의 마음을 대신하는 말로 표현해주는 겁니다. 그러기만 해도 자녀에게 '다음'을 위한 의욕이 생깁니다.

애초에 자녀에게 다정다감한 엄마가 아니었다면 처음에는 이런 식으로 말하는 것이 다소 쑥스러울 겁니다. 하지만 여러 번 하다 보면 금방 익숙해지고 자연스러워집니다. 아이가 여러분에게 시험지를 내밀 때, 꼭 실천해보길 바랍니다.

03

아이가
실수했을 때

여러분은 지금, 아이가 학교에서 돌아와 수학 숙제를 하는 모습을 옆에서 지켜보고 있습니다. 글씨는 지렁이가 기어가는 듯하고, 숫자 0과 6은 구분되지도 않을 정도입니다. 곁에서 그냥 지켜보고 있자니 슬슬 짜증이 납니다.

"왜 글씨 하나를 제대로 못 써?"
"똑바로 계산하지 못해!"

이렇게 소리치고 싶은 마음을 가까스로 참고 있는데 하필 그때, 아이가 너무나 쉬운 계산 문제를 틀리고 말았습니다. 여러분이 아이보다 먼저 그 실수를 눈치 챈 상황이라면, 무엇이라고 말할 건가요?

"거기 틀렸잖아! 계산 똑바로 안 할래?"

이제껏 참았던 짜증이 폭발할지도 모릅니다. 엄격한 엄마라면 아이가 애써 적은 답을 지우개로 박박 지워버릴 수도 있겠죠. 그런데 이때, 자녀의 입장에서 생각해야 합니다. 엄마가 그런 말이나 행동을 한다면 아이의 기분이 어떨까요?

'아, 정말 하기 싫은 걸 숙제라 마지못해서 하고 있는데, 엄마가 계속 째려보네. 빨리 끝내버려야지……' 하는 마음으로 문제를 푸는 아이 곁에서, 갑자기 엄마가 지우개로 답을 신경질적으로 지우면서 화까지 냅니다. 그런 상황에서 과연 아이에게 '다시 한 번 열심히 해보자!' 하는 마음이 들까요? 여러분도 알다시피 당연히 그렇지 않겠죠.

관점을 바꾸면 말도 달라진다

물론 아이가 숙제를 효율적으로 또 완벽하게 해내길 바라는 부모의 마음은 충분히 이해합니다. 하지만 공부의 핵심이 무엇인가요? 바로 자녀의 생각하는 힘을 기르는 것입니다. 그런데 엄마가 옆에서 지켜보다가 틀리면 바로 지적해주는 상황에서는 아이가 스스로 생각할 틈이 없습니다.

한마디로 아이가 공부하는 의미가 없는 겁니다. 아이가 숙제나 공부를, 그저 문제를 틀리지 않고 완벽하게 풀어내는 것이라고 인식하면 '틀리는 것은 잘못'이라고 생각하게 됩니다. 이런 이해는 다소 위험하기까지 합니다.

그러니 관점이 바뀌어야 합니다. 아이가 공부하는 목적이 생각하는 힘을 기르기 위해서라면, 엄마의 대응도 달라져야 하지 않을까요? **'문제를 틀렸을 때야말로 생각하는 힘을 기를 수 있는 좋은 기회'**라고 여긴다면, 아이에게 건네는 말도 예전과는 달라질 겁니다.

저희 아이들이 초등학생일 때도 날마다 수학 숙제가 있었습니다. 수학 숙제를 달가워하는 아이는 별로 없죠. 저희 아이들도 숙제니까 마지못해서 하느라 답을 자주 틀렸는데, 그때마다 저는 좋은 기회라고 생각했어요. 그래서 시치미를 뚝 떼며 이렇게 말하곤 했죠!

"어머? 어디가 좀 잘못된 것 같은데?"

아이들이 기분이 좋을 때는 허겁지겁 틀린 부분을 찾아내 다시 풀었는데, 사실 기분이 별로 좋지 않을 때는 "무슨 말이야?", "안 틀렸어!" 하면서 대들기도 했습니다. 그럴 때 욱하는 마음에 화를 내면 좋은 기회가 물거품이 되고 맙니다. 그래서 이렇게 말했어요.

"위에 푼 문제의 답이 엄마가 내린 답과 다르네? 엄마가 계산을 틀린 걸까?"

이렇게 살짝 힌트만 주는 겁니다. 그러면 아이는 틀린 문제를 바로 찾아내서 스스로 답을 찾기 시작했죠. 저는 이런 상황에 '어떤 힌트를 주느냐'에서 부모의 역량이 드러난다고 생각합니다. 너무 쉬운 힌트를 주면 아이가 곰곰이 생각하지 않을 테고, 들어도 모를 만한 힌트를 주면 의욕이 꺾일 테니까요. 그래서 저는 아이가 틀리거나 몰라서 풀지 못하는 문제가 있으면 "첫 번째 힌트", "두 번째 힌트", "세 번째 힌트" 하면서 퀴즈 형식으로 힌트를 주곤 했습니다. 그러면 아이는 조금이라도 빨리 정답을 맞히고 싶어서 열심히 생각했거든요.

언뜻 보기엔 애초에 아이가 실수하지 않도록 부모가 먼저 도움을 주는 것이 사랑인 것 같지만, 그런 행동이 아이가 생각하는 힘을 키울 수 있는 기회를 앗아갑니다. 여러분도 아이가 숙제를 하다 답을 틀릴 때는 생각하는 힘을 길러줄 좋은 기회라 여기면서 하나씩 힌트를 주는 게 어떨까요? 그 효과는 생각보다 무척 클 겁니다.

04

욱하는 감정에
분노가 끓어오를 때

부모가 느끼는 감정대로 화를 내면 아이의 자신감이 무너집니다. 부모라면 누구나 '다정한 엄마가 되고 싶다', '무조건 혼내기보단 타일러야지' 하며 바라던 부모상이 있었을 겁니다. 하지만 막상 아이가 눈앞에서 실수를 하고 못마땅하게 행동하면, 나도 모르게 감정이 폭발해서 화를 내고 말죠.

그리고 그날 밤 잠든 자녀의 얼굴을 보면서, '내일은 엄마가 절대 화 안 낼게' 하고 반성하지만, 다음 날에도 결국 똑같은 일이 반복되게 마련이죠. 그런 상황에서 벗어나고 싶지 않나요? 왜 아이에게 화를 내면 안 되는지, 그 이유부터 먼저 알아보겠습니다.

누군가가 자신에게 큰 소리로 화를 내면, 아이나 어른이나 할 것 없이 가슴이 얼어붙고 맙니다. "그렇게 행동해서 뭐가 되겠니?"라고 화를 내면, '난 뭘 해도 안 되는 사람이구나. 그래서 혼나는 거야'라고 생각할 수 있습니다. 자기 자신을 뭘 해도 안 되는 사람이라고 여기게 되면, 앞으로 나아가고자 하는 마음이 사라지고 맙니다.

'난 못났으니까 희망을 가지면 안 돼.'
'난 똑똑하지 않으니까 아무 말도 하면 안 돼!'

이처럼 생각이 발전해 마음이 가라앉아버리는 겁니다. 당연히 아이가 생각하는 힘을 기르는 데 나쁜 영향을 미칠 수밖에요. 이것이 부모가 감정을 그대로 드러내며 자녀에게 화를 내면 안 되는 가장 큰 이유입니다.

부모가 화를 내는 이유

물론 어느 부모나 자녀에게 쉽게 화를 내면 안 된다는 사실을 알고 있습니다. 그런데도 왜 화를 억누르지 못하고 분노를 표출하고 마는 걸까요? 이유는 두 가지입니다.

첫째, 이성이 본능을 이기지 못하기 때문입니다. 인간의 뇌는 자신이 생각했던 대로 일이 풀리지 않을 때 화가 끓어오르게끔 만들어졌습니다. '본능'입니다. 한편, 사람에게는 '이성'이라는 것도 있죠. 그래서 자녀를 키우는 일이 내 뜻대로 되지 않는다는 것을 이성적으로는 이해합니다.

하지만 아이가 무작정 떼를 쓰거나 말을 듣지 않으면, 내면의 이성과 본능이 갈등하기 시작합니다. 이런 상황에서 승자는 대개 본능입니다. 본능이 이긴 덕분에 벌컥 화를 내고, 나중에서야 작동한 이성 때문에 후회하는 일이 반복되는 것이죠.

둘째, 부모가 자신의 부모에게 당한 그대로 아이에게 행동하기 때문입니다. 저는 인간의 뇌는 그동안 살아온 경험에 비춰 판단한다고 생각합니다. 즉, 우리의 뇌는 어떤 순간에 화가 나는지, 어떻게 화를 내는지를 경험을 통해 배웠고 유사한 상황을 동일한 것으로 판단하는 겁니다. 부모인 우리가 어린 시절 부모에게 혼났을 때와 똑같은 상황이 펼쳐지면, 그때 당했던 똑같은 방식으로 아이에게 화를 낸다는 말입니다.

예를 들어, 아이가 실수로 물을 엎질렀을 때 여러분이 소리를 지르며 화를 냈다면, 분명 여러분이 어렸을 때 그와 같은 상황에서 부모에게 혼이 났던 경험이 있어서일 겁니다.

이 세상에 아무 이유도 없이 그저 아이를 혼내고 싶어서 혼을 내는 부모는 없습니다. 어린 시절에 겪었던 일이 그렇게 만들었을 뿐이죠.

화가 날 것 같은 상황을 미리 그려보기

그럼 어떻게 해야 순간적인 감정 때문에 아이에게 화를 내는 상황에서 벗어날 수 있을까요? 아주 좋은 방법이 있습니다.

아이에게 화가 날 것 같은 상황을 구체적으로 그려본 다음, 그런

상황에서 어떻게 말할지를 미리 생각해두는 겁니다.

이를테면, 아이가 실수로 물을 엎지르는 장면을 상상하면서 그때 무슨 말을 해야 할지 생각해보는 것이죠. 아이에게 해줄 말이 떠올랐을 때는 실제 입 밖으로 꺼내봐야 나중에 똑같이 하기 쉽습니다.

"어이쿠, 물을 엎질렀구나. 가서 행주 가져올래? 엄마랑 같이 닦자."
"어머, 이 물을 어쩌면 좋을까?"

이 외에도 다양한 표현이 있을 거예요. 자녀의 연령과 성격을 감안해 가장 적절한 말을 골라보세요. 이 같은 연습을 반복하면, 아이가 실제로 물을 엎질렀을 때 신기하게도 연습했던 말이 자연스럽게 나옵니다. 혹여 예전처럼 화를 내고 말았다 해도 너무 상심하지 마세요. 조금 더 연습하면 반드시 되니까요. 노력하면 누구나 할 수 있습니다.

앞서 이야기했듯, 부모가 감정적으로 화를 내는 것과 자녀가 생각하는 힘을 기르는 것에는 밀접한 관련이 있습니다. 자유롭게 생각을 펼쳐나가려면 그만큼 마음에 여유와 안정이 있어야 합니다. 그런데 엄마가 시도 때도 없이 감정이 이끄는 대로 화를 내면, 아이가 마음을 놓지 못하게 됩니다. 그러니 자녀의 생각하는 힘이 무럭무럭 자랄 수 있도록, 엄마 역시 감정적으로 아이를 대하지 않도록 노력해야겠죠?

보상에 길들여진
아이라면

　자녀에게 무언가를 부탁하거나 심부름을 시켜야 할 때, 많은 부모들이 당근을 주는 방법을 택합니다. 유치원에 다니는 아이에게 "장난감을 깨끗이 정리하고 거실을 청소하면 1,000원 줄게!"라고 이야기한다면 기꺼이 말을 듣겠죠. 엄마도 힘이 덜 드니 언뜻 보면 지혜로운 방법처럼 느껴집니다. 초등학생 아이에게 "교내 마라톤 대회에서 10등 안에 들면 만 원을 줄게!"라고 한다면, 아이도 기를 쓰고 달릴 겁니다. 그런데 이렇게 당근을 주는 식으로 보상하는 방식이 정말 좋은 걸까요?

보상의 유효기간

자녀에게 당근을 주었을 때 효과는 분명히 있습니다. 하지만 그 효과가 금방 사라지죠. 아이들이 더 성장해서 돈의 가치를 알게 된다면, 고작 1,000원을 받고자 거실을 청소하지는 않을 테니까요. 마라톤 대회에 참가하는 일도 그렇습니다. 자신의 능력을 객관적으로 파악할 나이가 되면, "어차피 안 될 텐데 뭐" 하고 일축할 겁니다.

공부 역시 마찬가지죠. 부모가 "이번 시험에서 100점 맞으면 용돈 올려줄게"라고 약속하면 당장은 아이가 열심히 공부하며 노력하겠지만, 다음번에는 더 큰 보상을 바라게 될 겁니다. 반대로 도저히 불가능하다 싶은 목표라면 애초에 시도할 생각조차 안 할 거예요. 이처럼 무언가를 주는 보상을 통해 목적을 이루고자 하는 방법은, 잠깐의 효과는 있을지언정 길게 내다봤을 때는 바람직한 것이 아닙니다.

보상뿐 아니라, 벌을 줄 때도 그렇습니다. "시험을 망치면 장난감 사주지 않을 거야"라거나 "숙제를 끝마치기 전까진 간식 안 줘"라며 겁을 주는 말로 아이를 움직이는 방법은, 아이가 초등학교 고학년만 돼도 통하지 않습니다.

이처럼 그 효과가 오래가지 않는다는 것을 간과한 채 당장의 효과에 고무되어 보상과 벌을 계속 번갈아가면서 주다 보면, 결국 아이가 반발하거나 아예 의욕을 상실하게 될 가능성이 있습니다.

아이가 정말로 원하는 것

'어머, 나도 보상을 앞세워서 아이를 노력하게 만들곤 했는데!' 하며 뜨끔한 엄마들이 많을 겁니다. 그렇게 계속 하다 보면 보상에 한계가 생기거나 아이 스스로 포기하게 되는 순간이 옵니다. 하지만 너무 걱정하지 마세요. 오직 하나, 계속 효과를 발휘하는 보상이 있으니까요. 그게 무엇이냐고요?

바로 '엄마의 웃음'입니다.

"열심히 했구나. 엄만 정말 뿌듯해!"

당장 손에 잡히는 당근이 없다고 해도, 엄마가 아이를 보며 웃으며 이렇게 이야기하면, 그것만으로도 아이에게 '다음엔 더 열심히 해야지!' 하는 의욕이 솟아오릅니다. 게다가 엄마의 웃음이라는 보상은 아무리 여러 번 써도 효과가 옅어지지 않습니다. 물질적인 보상은 그 효과가 점점 미미해지지만, 엄마의 웃음이라는 마음의 보상은 결코 빛이 바래지 않는 겁니다.

저희 막내딸은 초등학교 내내 주판을 배웠습니다. 딸애가 주판 검정시험을 보던 날, 이런 일이 있었습니다. 주판 검정시험은 7분 동안 몇 문제를 푸느냐에 따라 합격과 불합격이 결정되는데, 4급의 경우 7분 동안 16개 이상을 풀어야 합니다. 유독 덧셈에 약한 딸은 힘겹게 시험 문제를 풀어가고 있었죠. 시간은 째깍째깍 흘러가고 '더는 안 되겠어' 하고 포기하려던 순간, 딸애의 머릿속에 한 가지 장면이 떠올랐다고 합니다.

엄마인 제가 "넌 할 수 있어. 포기하지 마!"라고 말하면서 환하게 웃고 있는 장면. 이에 딸은 다시 한 번 집중력을 발휘해, 가까스로 모든 문제를 풀었습니다. 결과는 만점! 딸애는 무사히 주판 4급에 합격했죠. 평소 제가 입버릇처럼 했던 "넌 할 수 있어!"라는 말이 그런 순간에 힘을 발휘한 겁니다.

○ 2장
아이의 가능성을 짓밟는 말

만약 여러분의 자녀에게 보상이 있을 때만 노력하는 습관이 배었다면, **오늘부터라도 그 보상을 엄마의 미소와 따뜻한 말로 바꿔보세요.** 처음에는 예전처럼 자신이 원하는 것을 보상으로 주길 바랄지도 모르지만, 머지않아 엄마의 미소가 이 세상에서 가장 큰 보상이라는 사실을 깨우칠 겁니다.

06

선택과 결정을
망설이고 있을 때

'자녀에게 부모의 기대와 생각을 강요해서는 안 된다.'

부모라면 누구나 가슴에 새기고 있는 말입니다. 그럼에도 여전히 우리 주변에는 자신의 기대와 생각을 자녀에게 주입하고 강요하는 부모들이 존재합니다. 그 배경에는 부모 자신의 어릴 적 경험이 연관되어 있을 때가 많습니다.

어린 시절 자신이 피아노를 배우고 싶었는데, 부모가 허락해주지 않았다고 가정해봅시다. 그때 느꼈던 억울함과 피아노를 동경하는 마음은 어른이 되어서도 쉽게 사라지지 않습니다. 그래서 자녀가 태어나 무언가를 배울 수 있는 나이가 되면, 그 마음이 다시 끓어오르는 겁니다.

'나는 비록 못 배웠지만, 내 아이만큼은 피아노를 배웠으면 좋겠어.'
'피아노를 접하면 아이도 분명 좋아할 거야!'

이렇게 생각하면서 자녀의 의사와 상관없이 무작정 아이를 피아노 학원에 보내는 겁니다. 하지만 아이는 내가 아닙니다. 피아노 치는 것을 좋아할 수도 있지만, 싫어할 가능성도 있죠. 그런데도 아이가 "피아노 싫어! 그만둘 거야!"라고 말하면 어떤가요? 화가 치밀어 오릅니다.

'나는 어렸을 때 그렇게 배우고 싶었는데도 못 배웠던 피아노를 맘껏 하게 해줬는데 그만두겠다니!' 하면서 괘씸한 기분이 들어 절대 안 된다고 막는 겁니다. 여러분의 마음은 이해하지만 그것은 아이에게 강요이며 폭력이라는 걸 기억하세요.

딸에게 발레를 시켰을 때

어릴 적, 저도 발레를 조금 배우다가 부모님의 결정으로 그만두게 되었습니다. 그때 느낀 원통함이 지금도 생생합니다. 그래서 딸애가 태어났을 때 아이가 만 3세가 되면 발레를 시켜야겠다고 결심했고, 실제로 그렇게 했죠. 다행히도 딸은 발레를 무척 좋아해서 그만두겠다는 말을 한 번도 하지 않았기에 계속 배우게 했습니다. 다만, 딸에게 발레를 시키면서 한 가지 마음먹은 것이 있습니다.

'아이가 도중에 발레가 싫어져 그만두겠다고 하면, 웃으면서 허락해야지!'

예쁜 발레복을 입고 우아하게 발레하는 딸의 모습을 바라보는 것이 엄마인 저에겐 행복한 일이었지만, 그보다는 딸이 진심으로 발레를 하고 싶어 하는지가 더 중요했습니다. 그래서 나의 꿈을 아이에게 강요하면 오히려 딸의 의욕이 꺾일 수 있다는 걸 되새기며 늘 마음을 다잡곤 했지요. 이러한 자세는 지금도 옳았다고 생각합니다.

강요하고 싶을 때 떠올려야 할 한마디

만약 자녀가 진학해야 할 학교나 직업을 선택해야 하는 상황이라면 어떨까요? 자녀와 부모의 생각이 일치하지 않는다면 당연히 삐걱거릴 겁니다.

저도 세 아이를 키우면서 때로는 제 생각을 자녀들에게 강요하고 싶고 그럴 뻔했던 적도 있었습니다. 하지만 되도록 아이의 생각을 존중하려고 노력했습니다. 어떻게 가능했냐고요? 그럴 때마다 몇 년 혹은 몇십 년 후 아이가 저를 찾아와 이렇게 말하는 모습을 상상했기 때문입니다.

"이건 내가 선택한 게 아니야. 엄마가 내 인생 책임져!"

아이가 이렇게 말하는 모습은 저에게 공포 그 자체였습니다. 뒤늦게 후회해봐야 흘러간 시간을 되돌릴 수도 없고 아무리 간절히 원한다고 해도 엄마인 제가 아이의 삶을 대신 살아주거나 책임져줄 수도 없지요. 그래서 저는 되도록 아이들이 자신의 인생에서 무언가를 정해야 할 때, 직접 선택하고, 스스로 결정하게 했습니다.

레일을 깔아주는 부모

대부분의 부모는 자녀에게 자신의 꿈을 강요하면 안 된다는 것에 동의할 겁니다. 그렇다면 부모는 어떻게 행동해야 할까요? 그저 아무것도 하지 않고, 아이가 스스로 결정을 내리기만을 기다려야 할까요? 물론, 그건 아닙니다. 부모 나름대로의 소망이 있고, 자녀에게 기대하는 마음도 있을 테니까요. '아이가 스스로 결정하기를 기다린다'는 말은 굉장히 듣기 좋은 말입니다만, 전 그것만으로는 위험하다고 생각합니다.

원래 무언가 새로운 것을 시작하려 할 때는 아이가 주변의 영향을 쉽게 받기 때문입니다. 객관적으로 봤을 때 부모가 수긍할 만한 상황이라면 아무 문제가 없겠지만, 그 선택이 아이의 미래에 나쁜 영향을 미칠 것이 빤히 보이는 상황이라면 어떨까요?

어차피 주변의 영향을 쉽게 받는 시기라면, 부모가 옳다고 여기는 방향으로 아이가 나아갈 수 있게 안내하는 편이 좋습니다. 다만, 이때는 부모의 마음가짐이 중요합니다. 이래라저래라 그저 명령하지 말고, 인도하는 방향에 아이가 저절로 흥미

○ 2장
아이의 가능성을 짓밟는 말

를 갖게끔 만드는 것이죠.

"저렇게 무대 위에서 몸으로 연기하는 발레리나가 정말 멋지
지 않니?"

이런 식으로 넌지시 이야기하거나, 관련 정보가 담긴 책이
나 방송을 보여주는 것도 방법입니다. 얼마나 자연스럽게 아이
를 유도하느냐에서 부모의 저력이 드러나지요. 쉽게 말해, 부
모가 레일rail 을 깔아주는 겁니다.

'레일을 깔아준다'라는 표현이 부정적으로 들리는 사람도
있을 겁니다. 하지만 레일을 까는 일이 반드시 나쁜 것만은 아
닙니다. 우리의 어린 자녀들은 인생의 경험이 거의 없습니다.
그래서 아이가 너무 어려서 무엇이 좋고 싫은지, 뭐가 옳고 그
른지 모를 때는, 부모가 어느 정도의 레일을 깔아주는 것이 당
연합니다. 단, 주의해야 할 것은 부모가 깔아준 레일 위를 걷던
아이가 어느 날, 이렇게 말할 때입니다.

"이 레일은 이제 그만 걸을래."
"내 힘으로 다른 레일을 만들어보고 싶어!"

이렇게 말하는 아이의 의견을 깡그리 무시하고 무조건 부모가 깔아준 레일 위를 계속 걷게 하는 것이 바로 강요입니다.

저희 첫째 아이는 초등학교 때 피아노를 배웠습니다. 어느 날 자기 입으로 먼저 배우고 싶다고 하더군요. 그렇게 몇 년을 배운 끝에 겨우 곡다운 곡을 칠 수 있게 되었는데, 갑자기 아이가 제게 피아노 배우기를 그만두겠다고 했습니다. 당황스러웠습니다. 피아노 선생님께 이제 그만 배우겠다고 말하는 것도 미안하고, 새로 산 피아노도 무용지물이 될 판이었죠.

지금은 힘들어도 고생 끝에 낙이 온다는 말로 아이를 다독이며 피아노를 조금 더 배우게 설득해볼까 생각도 했죠. 한편으로 이대로 그만두게 하면 아이가 조금 어렵고 싫은 일이 생길 때마다 도망치는 사람이 되지 않을까 걱정도 했습니다. 하지만 '이왕 시작했으니 계속 해보자' 같은 건, 아이가 아닌 저의 생각일 뿐입니다. 말 그대로 부모가 깔아준 레일이죠.

저는 아이가 제 입으로 "이 레일에서 벗어나고 싶어(피아노를 그만두고 싶어)"라고 말했을 때는 분명 뭔가 이유가 있을 거라고 생각하며, 첫째 아이의 의견을 존중하기로 했습니다. 피아노 배우기를 그만둔 아이는 밖에서 더욱 활발하게 뛰놀고 공부도 열심히 했습니다. 그 선택이 결과적으로 아이에게 더 나았던 셈이죠.

아이가 자신의 의지로 다른 길을 가겠다고 할 때 인정해주는 것.

저는 이것이, 자녀의 생각하는 힘이 자라길 바라는 부모가 갖춰야 할 자세라고 확신합니다.

07

편리한 것이
익숙해져버린 아이에게

이번 장에서 우리는 부모가 자녀에게 하지 말아야 할 말과 행동이 무엇인지 살펴봤습니다. 아마 여러분도 한두 가지 정도는 고쳐야겠다 싶은 것이 있었을 겁니다. '난 전부에 해당하잖아?' 하고 절망한 분도 있을지 모르겠습니다.

만약 지금이 몇십 년 혹은 몇백 년 전이었다면, 제가 제시한 바람직한 부모상에 들어맞을 엄마는 거의 없었을 겁니다. 그때는 지금에 비해 생활 자체가 불편했고, 자녀의 수도 많았

○ 2장
아이의 가능성을 짓밟는 말

기에 한 명 한 명에게 관심을 쏟을 여유가 없었으니까요. 우물에서 물을 길러 빨래를 하고 아궁이에 불을 피워 밥을 지어야 하는 환경에서, 아이의 시험 점수를 따질 시간이 있었을까요? 아이가 도움을 청하기 전 미리 손을 뻗어줄 마음의 여유도 당연히 없었겠죠.

그렇다고 해서 그 시절을 살아가는 아이들에게 생각하는 힘이 없었던 건 아니었습니다. 오히려 무슨 일이든 엄마의 세밀한 보살핌 없이 스스로 해야 하는 상황이었기에, 아이들은 온전히 제 힘으로 생각하고 행동했으며, 실패를 경험한 후에는 더욱 단단해졌습니다.

일상 속에서 자연스럽게, 생각하는 힘이 스며든 겁니다.

주의해야 할 함정

이러한 이유로 그 시절의 부모들은 굳이 아이에게 생각하는 힘을 길러줘야겠다고 생각하며 노력할 필요가 없었습니다. 하지만 지금은 어떤가요? 집집마다 생활에 편리한 각종 가전

제품이 있고, 자녀를 적게 낳는 시대 흐름에 따라 엄마의 관심과 신경은 늘 아이에게 쏠려 있습니다.

어디 그뿐인가요? 온갖 정보가 넘쳐나는 세상에서 부모는 우리 아이를 정보에서 비롯된 여러 기준에 따라 판단하고 생각하게 되었습니다. 아이의 친구가 학원에 다닌다고 하면 혹시 우리 애가 뒤처지지 않을까 조바심이 나고, 이웃의 또래가 운동을 배운다고 하면 우리 아이도 시켜야 하지 않을까 생각하는 식입니다. 그렇게 늘 자녀에게 매달려 있으면, 당연히 아이의 시험 점수가 신경 쓰이고, 혹여 아이가 넘어지지나 않을까 미리 손을 뻗어주고 싶은 마음이 듭니다.

그래야 아이도 행복할 것 같지요. 엄마가 늘 관심을 갖고 지켜보면서 실패하지 않도록 먼저 손을 내밀어주니, 당연한 것 아닌가요? 그런데 정말 그런가요? 여러분이 반드시 기억해야 할 것은 거기에는 큰 위험이 도사리고 있다는 점입니다.

그 위험이란 아이가 스스로 생각할 필요가 없어져서 엄마의 지시만 기다리는 사람이 될 수 있다는 겁니다. 엄마가 내리는 완벽해 보이는 지시만 따르다 보면 자신의 머리로 생각할 기회가 점점 사라집니다. 모든 것이 편리한 현대사회일수록, 부모가 이를 의식하고 행동해야만 자녀에게 생각하는 힘이 생긴다는 것을 꼭 기억하시기 바랍니다.

불편함을 느낄수록 성장하는 아이들

그렇다면 어떻게 해야 아이에게 생각하는 힘을 길러줄 수 있을까요?

되도록 아이에게 불편함을 안겨주면 됩니다.

초등학생 자녀를 키우고 있는 가정이라면 연필깎이 하나쯤은 있겠죠? 이를 사례로 들어볼까요? 요즘에는 구멍에 연필을 꽂기만 해도 깨끗하고 뾰족하게 연필심을 깎고 정리해주는 전동 연필깎이가 많아졌습니다. 하지만 그런 연필깎이를 사용하다 보면 아이가 두뇌를 쓰지 않습니다. 전혀 불편함을 느끼지 않을 테니까요. 이때, 아이에게 학용품용 칼을 선물해보면 어떨까요?

칼로 연필을 깎으려면 의외로 머리를 많이 써야 합니다. 처음부터 연필을 보기 좋고 쓰기 편하게 깎을 수 있는 아이는 없습니다. 자칫하면 손이 칼에 베일 수도 있겠죠. 하지만 단지 위험하다는 이유로 연필 깎는 것을 시키지 않고 엄마가 해주다 보면, 아이가 성장한 뒤에도 하지 못합니다.

초등학생 정도만 되도, 아이에겐 작은 칼 정도는 충분히 다룰 능력이 생깁니다. 조금만 연습하면 깜짝 놀랄 만큼 잘 깎게 되죠. 저도 세 아이들이 초등학교에 입학할 때 학용품용 칼을 선물해줬습니다. 처음에는 연필 한 자루를 반토막으로 만들 정도로 서툴렀지만, 두세 달 정도 지나니 제법 잘 깎더군요.

다들 아시다시피, 손끝을 사용하면 두뇌 발달에 굉장히 좋습니다. 또 작은 칼을 다루는 기술이 생기면, 조리용 칼이나 조각용 칼도 다룰 수 있게 돼 자연스럽게 요리나 공예에도 관심을 갖게 될 수 있습니다.

이처럼 약간의 불편함만 느끼게 되도, 아이에게는 생각하는 힘이 생깁니다. 꼭 연필을 깎는 칼이 아니더라도, 우리 주변에는 아이의 생각하는 힘이 자라는 데 도움이 되는 도구나 방법들이 무수히 많습니다. 그것들을 잘 활용해서 아이에게 불편함을 안기세요.

아이가 생각하는 힘을 기르는 데 부모로서 피해야 할 말과 행동의 공통점은 오직 하나입니다. 부모와 아이가 일심동체여야 한다는 생각 말이죠. 그러니 자녀와 **일정하게 거리를 두면서 아이를 한 사람으로 인정해주길** 바랍니다. 의외로 그러지 못하는 엄마가 많으니 꼭 명심하세요.

다음 장에서는 아이의 생각하는 힘이 자라는 토대가 무엇인지 살펴보려고 합니다. 그 토대는 아이가 생각하는 힘을 기르는 데 반드시 필요한 요소이지만, 이를 위해 부모가 해야 할 일은 생각보다 간단합니다. 그러니 가벼운 마음으로 계속 따라오세요.

아이의 생각하는 힘을 키우는
엄마의 말하기 연습

◇ "어제 네가 집중해서 공부하는 모습, 엄마가 봤어. 잘하고 있구나!"

◇ "엄마는 네가 마음만 먹으면 잘하는 아이라는 걸 알아.
  다음엔 더 열심히 할 거지?"

◇ "어머? 어디가 좀 잘못된 것 같은데?"

◇ "위에 푼 문제의 답이 엄마가 내린 답과 다르네?
  엄마가 계산을 틀린 걸까?"

◇ "에이쿠, 물을 엎질렀구나. 가서 행주 가져올래? 엄마랑 같이 닦자."

◇ "열심히 했구나. 엄만 정말 뿌듯해!"

◇ "네가 그렇게 하기로 결정했다면 이유가 있겠지.
  너의 의견을 존중할게!"

아이의
자기긍정감을 높이는 말

생각하는 힘의
토대

우리 자녀의 생각하는 힘이 자라기 위해서는 반드시 필요한 토대가 있습니다. 바로 '자기긍정감'입니다. 여러분도 한 번쯤 들어본 적이 있을 겁니다. 자기긍정감이란 말 그대로 자기를 긍정하는 감각으로서, 지금 있는 그대로의 자신을 인정하고 긍정적으로 생각하는 것을 말합니다. 이를 '자신감'이라는 단어로 바꿔도 의미가 크게 달라지진 않습니다.

자기긍정감이 높은 아이는 뒤로 물러서지 않고 늘 앞장서서 나아갑니다. 앞을 향해 전진하는 사람은 매사에 적극적으로 임하지요. 그 과정에서 자연스럽게 생각하는 힘이 자랍니다. 자기긍정감이라는 토대가 있어야 그 위에 생각하는 힘이 생기는 겁니다. 자기긍정감을 갖는 것이 우선되어야 하는 이유죠.

아이를 믿고 있는가

그렇다면 자녀가 자기긍정감을 갖게 하려면 어떻게 해야 할까요? 부모의 어떤 행동과 말이 자녀의 자기긍정감 향상에 효과적인지는 앞으로 살펴보겠지만, 그에 앞서 꼭 필요한 조건이 있습니다. 바로, 아이를 믿는 부모의 마음입니다.

제가 이런 말을 하면 거의 모든 엄마들이 정색을 하며 이렇게 말합니다.

"제 아이인데 당연히 믿죠!"

아이를 믿는다는 건, 아이의 어떤 부분을 믿는다는 뜻일까요? "빨리 숙제해!"라는 말을 입버릇처럼 하는 엄마가, 정말 아이를 믿는다고 할 수 있을까요? 그렇다고 보기 어렵습니다. 굳이 말하자면 '언제나 숙제를 내팽개치는 내 아이'를 믿는 것이지요.

아이를 믿는다는 건, 진심으로 우리 아이가 잘할 수 있을 거라 생각하면서, 무슨 일이든 잘 해내는 자녀의 모습을 생생하게 그릴 수 있는 겁니다. 아이를 진짜 믿는다면, 빨리 숙제하라며 아이를 닦달할 일도 없습니다. 그저, 이렇게 말하겠죠.

"숙제는 이미 다 했지?"

그렇게 말하면 아직 숙제를 미처 끝내지 못한 아이라도 "지금부터 하려고 했어요"라고 대답하며 벌떡 일어나 책상 앞으로 달려가 숙제를 시작할 겁니다. 엄마가 우리 아이는 잘할 수 있을 거라고 생각하면서 말을 건네면, 아이 또한 '나는 잘하는 사람이야'라고 생각하면서 행동합니다. 그러니 여러분의 자녀가 무엇이든 잘할 수 있으리라고 진심으로 믿어야 합니다.

물론 쉬운 일은 아닙니다. 그럼 지금부터 아이를 믿으려면 어떻게 해야 하는지 알아보겠습니다.

02

믿음은
말에서 시작된다

자녀가 무슨 일이든 잘 해낼 거라고 믿고 싶나요? **가장 좋은 방법은 형식, 즉 말부터 시작하는 것입니다.**

여러분이 평소 아이에게 어떤 말을 자주 하는지 한번 확인해보세요. 혹시 이런 말을 자주 하지는 않나요?

"어차피…"

"못 해."

"안 돼."

이러한 말은 아이를 신뢰하지 못할 때 나오는 말입니다. 습
관처럼 입에 붙은 말 대신 이렇게 말해보면 어떨까요?

"역시!"
"할 수 있어."
"괜찮아."

처음에는 진심이 담겨 있지 않아도 괜찮습니다. 아이가 잘
해내리라는 생각이 좀처럼 들지 않을 때도, 일단 믿음이 담긴
말을 건네보세요. 평소 그런 습관을 들이면, 신기하게도 어느
새 아이를 긍정적으로 바라보며 믿고 있는 자신을 발견하게
될 것입니다.

감정은 말로 만들어진다

일단 말부터 바꾸는 겁니다. 저의 경우도 말을 바꾸면서 이
전보다 더욱, 내가 염려하지 않아도 우리 아이들이 자신이 해

야 할 일을 잘 알고 있으며, 자신의 영역에서 잘 해낼 수 있을 거라고 믿게 되었습니다.

별것 아닌 것처럼 보여도 생각보다 훨씬 효과가 크니, 저를 믿고 한번 실천해보기 바랍니다.

아이가 잘하는 모습을
상상하기

아이를 믿고 싶다면 형식, 즉 말부터 바꾸라고 이야기했습니다. 처음에는 진심이 아닐지라도 믿음이 담긴 말을 자주 하다 보면 어느 순간 아이를 신뢰하게 된 자신을 발견하게 됩니다. 정말 놀라울 정도입니다.

하지만 말은 본디 마음에서 우러나오는 것이기에 계속해서 마음에 자녀에 대한 부정적인 생각이 남아 있다면, 무심결에 그런 말이 툭 튀어나올 수 있으니 주의가 필요하죠.

아이가 없을 때가 기회

여러분의 마음속 자녀의 모습은 어떻습니까? 아이의 모습이 어떤지 구체적으로 떠올려보세요. 인간은 자신의 눈앞에 있는 것만 볼 수 있습니다. 종종 숙제를 하지 않는 아이를 봐왔다면, '우리 아이는 늘 숙제를 하지 않아'라는 것이 여러분 자녀에 대한 인상으로 심어졌을 겁니다. 그러면 부정적인 말이 튀어나올 수밖에 없습니다.

따라서 저는 엄마들에게, **'내가 바라고 믿고 싶은 아이 모습을 실제 아이가 없을 때 미리 그려두라'**고 말합니다. 늘 숙제를 하지 않는 아이가 아니라, 이미 숙제를 마친 우리 아이의 모습을 상상하라는 겁니다. 날마다 숙제도 안 하고 놀기만 하는 아이를 보면 그런 상상을 하기가 힘들겠지만, 아이가 눈앞에 없을 때는 상상하기가 의외로 쉽습니다. 이미 숙제를 마친 우리 아이의 모습이 그려지면, 건네는 말도 달라집니다.

"이제부터 숙제하려고 그러는구나? 열심히 하렴."

이렇게 말하면 아이도 분명 "응, 지금부터 할 거야" 하고 밝게 대답할 겁니다. 아이가 그렇게 반응하면 얼마나 기분이 좋을까요? 무엇보다 좋은 것은 이 같은 아이의 반응이 부모인 여러분에게도 성공 경험을 안겨준다는 점입니다.

아이와 기분 좋은 소통에 성공한 경험은 부모에게도 뿌듯한 느낌을 안깁니다. 따라서 다음에도 자연스럽게 똑같은 말을 하도록 만들죠. 그런 성공 경험을 차곡차곡 쌓아보길 바랍니다. 그렇게 하다 보면 아이에게 긍정적인 말을 건네는 습관이 생겨, 무슨 일이든 잘하는 아이의 인상이 마음에 남게 됩니다. 아이가 잘하는 모습을 자연스럽게 떠올릴 수 있어야 진심으로 아이를 믿는 겁니다.

부모만이 아이의 미래를 상상할 수 있다

간혹 "우리 아이가 잘하는 모습을 상상하기가 너무 어려워요"라고 토로하는 엄마들을 만납니다. 안타깝습니다. 이런 분들에게 무척 좋은 방법이 있습니다. 제가 애용하는 방법이기도 하지요. 아이가 아니라, '행복한 나의 미래'를 상상하는 겁니다.

어떤 옷을 사야겠다고 마음먹었을 때, 그 옷을 입고 멋지게 거리를 활보하는 자신의 모습을 상상하는 것은 어려운 일이 아닙니다. 이미 옷을 사기로 마음먹었고, 그 옷을 입을 날이 멀지 않았기 때문이죠.

다만 상상은 되도록 상세하게, 구체적으로 하는 것이 핵심입니다. 어떤 신발을 신을까? 가방은 어떤 게 좋을까? 헤어스타일은? 화장은? 이렇게 그 옷을 입은 내 모습과 풍경을 눈에 보이듯 생생하게 그려봐야 합니다. 이 같은 연습을 계속하다 보면, 내 아이가 어떤 일을 실수 없이 멋지게 해내는 모습을 상상하는 것도 쉬워집니다.

아이가 스스로 숙제하며 어려운 문제를 푼 뒤 뿌듯해하는 모습, 아이가 중·고등학교에 올라가서 제 힘으로 공부하고 좋은 성적을 받아 기뻐하는 모습을 구체적으로 그려보세요. 그리고 대학생이 돼서 전공 공부와 동아리 활동에 매진하는 모습까지 그리고 나면, 아이가 사회에 나가서 꿈꾸던 일을 맘껏 펼치며 행복해하는 모습까지 상상할 수 있습니다.

이처럼 가까운 미래부터 상상한 뒤, 서서히 먼 미래까지 범

위를 넓혀가는 것이 좋습니다. 그러면 '앞으로 **점점 더 나아질 우리 아이**'도 쉽게 상상할 수 있으니까요.

제가 이런 방법을 제시하면 "긍정적으로 상상하는 건 좋은데, 그대로 되지 않으면 크게 실망하지 않을까요?" 하면서 걱정하는 엄마들도 있습니다. 하지만 마음 놓으세요. 시간이 흘렀는데도 머릿속으로 그렸던 모습과 현실이 다르다면, 그 시점에서 다시 '앞으로 더 나아질 우리 아이'의 모습을 상상하면 됩니다. 그렇게 상상을 거듭하는 것 또한 내 아이를 믿기에 가능한 일입니다.

아이가 어떤 중요한 시험을 봤는데 불합격했다고 가정해봅시다. 이렇게 실망스러운 결과를 받았다고 해도 엄마의 마음에 '앞으로 더 나아질 우리 아이'의 모습이 있다면, 이렇게 말하며 밝게 웃을 수 있습니다.

"실망하지 마. 다음엔 꼭 합격할 거야."

그 문제가 중·고등학교 입시처럼 1년에 한 번뿐인 중요한 시험이라고 해도 마찬가지입니다. 설령 진학에 실패했다고 해도 "이번 아픔을 발판 삼아서 다음엔 더 열심히 하자"라고 다독이며 아이를 격려할 수도 있겠죠.

세월이 흘러 아이가 성인이 된다고 해도, 부모는 언제까지나 부모입니다. 앞으로 더 나아질 내 아이의 모습을 상상할 수 있는 사람도 오직 부모뿐이라는 걸 기억하길 바랍니다.

04

아이의 자신감을
빼앗는 한마디

아이가 자기긍정감을 가지려면, 우선 부모의 믿음이 필요합니다. 또 부모가 아이를 믿으려면, 믿음이 담긴 말을 건네면서 앞으로 더 나아질 아이 모습을 상상하는 습관이 중요하다고 이야기했습니다. 그렇게 아이를 믿게 되면, 혹은 믿을 수 있겠다는 생각이 들었다면 다음 단계로 넘어가야 합니다.

바로 아이를 응원하는 단계입니다.

03장
아이의 자기긍정감을 높이는 말

부담이 되는 응원의 말

대부분 엄마들은 "전 이미 항상 아이를 응원하고 있어요"라고 말합니다. 하지만 말로는 아이를 믿는다고 하면서 실제로는 믿지 못했듯, 아이를 응원하려는 의도로 한 행동이 되려 역효과를 불러일으킬 때가 있습니다.

부모의 응원이 오히려 아이에게 부담으로 작용할 때가 많은 겁니다. 그럼에도 아이들은 그러한 부담감과 불편함을 내색하지 못하기 때문에, 자녀를 응원할 때는 말과 태도에 더욱 신경을 써야 합니다.

상황에 따라 달라지는 말

부모가 아이를 응원하거나 격려하고 싶을 때 가장 자주 하는 말은 무엇일까요? "열심히 해!"라는 말입니다. 하지만 이 말은 어떻게 쓰느냐에 따라 아이를 압박하기도 합니다.

만약 자녀가 안간힘을 다해 애썼는데도 원하던 결과가 나오지 않아 기운이 빠져 있을 때, 부모로부터 "더 열심히 해!"라는 말을 듣는다면 어떤 기분이 들까요?

제가 그 아이라면 "그 이상 어떻게 더 열심히 해?" 하면서 울어버릴 것 같습니다. 어쩌면 반발심이 생겨서 화를 낼지도 모르겠습니다. 그렇다면 이런 상황에서 어떻게 말하는 것이 좋은 말하기일까요? 똑같은 격려와 응원을 한다고 해도 상황에 따라 다른 말을 건네야 합니다.

운동이든 공부든, 아이가 긍정적인 마음으로 노력하고 있을 때는 "열심히 해!"라고 말해도 괜찮습니다. 그런 말을 들으면 의욕이 더 샘솟죠. 하지만 열심히 하는데도 결과가 신통치 않을 때는 이렇게 말해주세요.

"열심히 하고 있구나."

결과가 아닌, '열심히 하고 있는 과정'을 인정해주는 겁니다. "열심히 해!"와 "열심히 하고 있구나"는 언뜻 보기엔 비슷한 말 같지만, 아이의 마음에는 전혀 다른 방향으로 영향을 미칩니다.

고작 어미, 그래도 어미

"열심히 해"라는 말의 변화형과 그 말들이 아이의 마음에 어떤 영향을 미치는지 자세히 살펴볼까요?

우선 "열심히 해"는 명령형입니다. 인간은 본디 누군가가 자신에게 명령을 내리면 반발심이 생깁니다. 아이라고 예외는 아니죠. 다만 부모에게 마구잡이로 대들 수는 없으니 마음속으로 반발하게 되겠죠. 또한 "열심히 해"라는 말에는 아이가 지금은 열심히 하고 있지 않는 것 같다는 부모의 생각이 담겨 있습니다. 그래서 반발심을 더욱 자극하기 쉽죠.

반면, "열심히 하고 있구나"는 현재 진행형입니다. 현재 아이가 하고 있는 노력을 부모가 인정한다는 뜻이죠. 한마디로 '공감'입니다. 우리는 공감해주는 사람에게 마음을 열고, 그 사람을 신뢰합니다. 따라서 부모가 아이를 인정해주면, 아이는 부모를 신뢰하게 됩니다.

마지막으로 "열심히 했구나"는 과거형입니다. 아이가 어떤 성과를 이뤘는지 지켜보았으며, 그 노력을 인정한다는 뜻을 담고 있죠. 이런 말을 들으면, 아이는 부모가 항상 곁에서 자신을 지켜보고 응원해줬다는 생각에 고마움을 느낍니다.

　　이처럼 어미만 살짝 바꿔도, 듣는 입장에서는 큰 차이가 있습니다. 그 차이를 이해하면 아이에게 이전과는 완전히 다른 말을 하게 될 것입니다. 그런데 "열심히 해!"라는 말이 입버릇처럼 굳어졌다면 어떻게 해야 할까요? 그런 부모는 마음속에 '늘 열심히 하지 않는 내 아이'의 모습이 각인되어 있을 수 있으니, 우선 '앞으로는 열심히 할 내 아이'의 모습을 상상하는 것부터 시작해보길 바랍니다.

순식간에 아이의
기분을 띄우는 한마디

이제 아이를 믿으려면 어떻게 해야 하는지, 아이를 응원하려면 어떤 말을 해야 하는지 잘 알게 되었을 겁니다. 그럼 본론으로 들어가서, 어떻게 말해야 아이의 자기긍정감을 키워줄 수 있는지 살펴보겠습니다.

앞서 부모의 말과 행동이 아이의 자기긍정감에 대단히 큰 영향을 미친다고 이야기했습니다. 머리로는 알고 있다고 해도 실천하기는 어려운 일이죠. 만약 여러분의 자녀가 '30점'이라고 적힌 시험지를 가져와 여러분에게 내민다면, 어떻게 하시겠어요? '우리 아이는 잘할 수 있어!' 하면서 진심으로 믿고 응원할 수 있나요?

아이의 30점짜리 시험지를 받아 든 대부분의 엄마는 순간 말문이 막힐 겁니다.

늘 있는 일인가, 아님 어쩌다?

이 같은 상황에서 제가 종종 사용한 말은 '어쩌다'입니다.

"이번엔 어쩌다 점수가 나빴던 거야. 이름도 또박또박 잘 쓰고 글씨도 예쁘게 썼으니 다음엔 잘할 수 있어!"

말이라도 이렇게 하고 나니, 정말 이번에만 어쩌다 점수가 나빴을 뿐 다음에는 아이가 더 나아질 거라는 믿음이 생겼습니다. 이 '어쩌다'라는 말은 단지 시험뿐 아니라 다양한 상황에서도 활용 가능한 마법 같은 말입니다.

아이가 학교에 무언가를 두고 집에 돌아왔을 때 "또 놓고 왔어? 넌 맨날 그렇게 덤벙대더라?" 하며 핀잔을 주기보다, "오늘은 어쩌다 깜빡했구나?" 하고 말해주세요. 이렇게 말하면 아이의 기분도 상하지 않을 뿐더러 다음번에는 엄마를 실망시키지 않기 위해서라도 아이가 까먹거나 실수하지 않으려고 노력하게 됩니다.

아이뿐 아니라 여러분이 실수했을 때도 대입할 수 있습니다. 가족을 위한 저녁식사 메뉴로 함박 스테이크를 만들다가 태웠다면, "오늘 어쩌다 타버렸네" 하고 혼잣말을 하는 겁니다. 일단 그렇게 말하고 나면 풀이 죽기보다 어떻게 보완해야 할지 궁리하게 됩니다. 까맣게 탄 부분만 잘라내고 치즈를 얹은 스테이크를 만들 수도 있고, 전혀 다른 요리를 탄생시킬 수도 있죠.

이처럼 '어쩌다'라는 말은 항상 실수만 하는 사람이 아닌, 평소에는 실수하지 않는 사람이라는 인상을 갖게 만듭니다. 그런 말을 자주 듣는 아이라면 당연히 자기긍정감이 높아질 겁니다. 여러분도 꼭 실천해보세요.

06

아이를
칭찬하고 싶을 때

여러분은 자녀를 칭찬하면서 키워야 한다는 말을 자주 들어보았을 겁니다. 아이의 자기긍정감을 키우는 데는 확실히 칭찬이 좋을 것 같기도 합니다. 반면, 이런 생각도 들지 않나요?

'아이를 너무 칭찬하면 자기만 잘난 줄 알게 되지 않을까?'
'고작 이 정도 일로 칭찬해주면 그 이상으로 노력할 마음이 사라지지 않을까?'

03장
아이의 자기긍정감을 높이는 말

부모가 이 같은 염려와 불안한 마음을 가지고 있으면, 언제 어떻게 자녀를 칭찬해줘야 할지 모르겠고 정작 칭찬을 하고 싶어도 망설이게 됩니다.

결과를 칭찬하면 위험하다

우리는 누군가를 칭찬할 때 대개 그 사람이 이룬 결과에 대해 칭찬하곤 합니다. 결과란 그 사람이 어떤 행동을 함으로써 얻어지는 것이죠. 그래서 자녀가 행동해서 얻은 결과에 대해 너무 과하게 칭찬할 경우, 아이가 '이 정도면 됐구나' 하며 만족한 나머지 그 이상의 노력을 하지 않게 될 가능성이 있습니다. 부모 또한 다음에도 똑같은 결과가 나오면 새로울 것이 없으므로, 이전처럼 아이를 칭찬해주고 싶은 마음이 생기지 않습니다.

따라서 자녀를 칭찬할 때는 아이가 한 일에 대한 결과를 칭찬하지 않도록 주의하세요. 부모가 기대하는 만큼의 효과는 나타나지 않기 때문이죠.

칭찬보다 중요한 것

그럼 자녀는 어떻게 칭찬하는 것이 좋을까요?

사실 저는 칭찬하는 것 자체를 별로 추천하지 않습니다. 앞서 말했듯 칭찬을 하려고 하면 아이가 이뤄낸 결과에 대해 칭찬하기 쉽고, 결과를 칭찬하면 아이가 그 이상 노력하지 않을 가능성이 생기기 때문이죠.

"응? 그럼 칭찬하지 말라는 거야?" 하며 혼란스러워할 부모님도 있겠죠. 엄밀히 말해서 칭찬하는 행위 자체가 나쁜 것은 아닙니다. 나도 모르게 칭찬이 튀어나왔을 때는 마음에서 우러나오는 대로 칭찬해주세요. 하지만 아이에게 칭찬을 해줘야 한다는 강박관념 때문에 칭찬할 기회를 찾고 있다면, 굳이 그럴 필요가 없다는 뜻입니다.

사실 칭찬보다 더욱 중요한 것이 있습니다. 바로, '인정'입니다. 자녀가 치른 시험의 점수가 이전에 비해 떨어졌다면 이렇게 말해주는 건 어떨까요?

"네가 날마다 열심히 공부한 거, 엄마가 다 알아."

이렇게 인정해준다면 아이도 실망하거나 기죽지 않고 '다음엔 더 잘해야지!' 하고 마음먹게 됩니다. 비단 공부뿐 아니라 일상생활에서도 아이를 인정해줄 수 있는 기회는 많죠.

예를 들어, 아이에게 현관 청소를 시켰습니다. 그런데 네모진 현관을 둥글게만 닦고 있다고 합시다. '이대로 인정해주면 앞으로도 매사에 완벽하지 못한 사람이 되지 않을까?' 하는 불안감이 생기더라도 "청소해줘서 고마워"라고 말하며, 먼저 아이의 행동을 인정해주세요. 그러고 나서 "구석에 있는 먼지까지 닦았으면 더 깔끔했을 텐데. 다음에는 구석도 잘 닦아주렴" 하고 덧붙이면 됩니다.

먼저 아이가 잘한 부분을 인정한다.
그리고 다음 과제를 부여한다.

이 같은 순서가 중요합니다.

처음부터 모자란 부분을 지적하면, 아이가 자신감과 의욕을 잃을 수 있습니다. 그런 상황이 계속되면 "이제 안 할래!" 하고 포기할 수도 있죠. 당연히 자기긍정감도 떨어집니다.

여러분 자신에게 대입해보면 금방 이해가 될 겁니다. 정성 들여서 힘들게 식탁을 차렸는데, 첫술을 뜬 남편이나 아이가 "맛없어!"라고 말하면서 얼굴을 찡그린다면 어떻겠습니까? 당연히 화가 나겠죠. 가는 말이 고와야 오는 말도 곱다고, "힘들게 차렸더니 그게 무슨 소리야? 이제 안 해!" 하면서 싸움으로 번지게 될지도 모릅니다. 그런데 남편이 같은 상황에서 이렇게 말했다면 어떨까요?

"여보, 날마다 이렇게 식사를 차리느라 고생이 많지? 고마워. 오늘 요리는 조금만 덜 싱거웠으면 진짜 맛있었을 것 같네!"

'다음엔 간을 더 잘 맞춰야지' 하는 생각이 절로 들지 않을까요? 칭찬이든 인정이든 사람의 의욕을 고취시키는 방향으로 이야기하세요. 의욕이 있다는 것은 자기긍정감이 높다는 뜻이기도 합니다.

○3장
아이의 자기긍정감을 높이는 말

07

아이의 행동
실황 중계하기

이번에는 제가 이제껏 실천해왔던 방법 중에서 자녀의 자기긍정감을 키우는 데 특히 효과가 좋았던 방법을 하나 알려드리겠습니다. 일명, '실황 중계'입니다.

방송도 아니고 뜬금없이 웬 실황 중계냐며 의아하게 느껴질 이들도 있겠지만, 방법은 무척 간단합니다. 눈에 보이는 장면 그대로를 말로 표현하면 되거든요. 이를테면, 수업을 마친 아이가 학교에서 돌아오면 이렇게 말하는 겁니다.

"어, 그래 왔구나."

"손 씻는구나."

"간식 먹는구나."

이처럼 아이가 하는 행동을 그대로 실황 중계하면 됩니다. 이 상황에서 굳이 "장하네", "대단하다", "역시!"처럼 감정이 들어간 단어를 넣을 필요도 없습니다. 그냥 눈에 보이는 사실만 전달하면 되죠.

의욕이 없는 아이도 움직인다

별것 아니죠? 이처럼 그저 아이들의 모습을 말로 표현해주는 것이 무슨 효과가 있느냐고요? 저희 아이들을 사례로 설명하겠습니다.

저희 첫째와 둘째 아이는 학원에 다니지 않고 혼자 공부해서 중학교 입시를 치렀습니다. 집이라는 곳이 혼자 집중해 공부하기에 괜찮은 환경이긴 하지만, 때로는 역효과가 생길 때가 있습니다. 바로 의욕이 없을 때죠.

주위에 친구나 경쟁 관계에 있는 상대가 있다면 무슨 일을 할 때 의욕이든 자극이든 생길 텐데, 혼자서 공부하다 보면 그렇지 않습니다. 책상 위에 문제집이나 노트를 꺼내 놓고 멍하니 시간을 보내는 날도 생기게 마련이죠. 그럴 때 제가 활용한 방법이 이겁니다.

"어머, 문제집 꺼냈구나."
"지금부터 공부하려고 하는구나."

이렇게 아이의 상황을 실황 중계하면, 마지못해서라도 아이가 문제집을 펼치고 연필을 잡았습니다. 그리고 한 문제를 풀었을 때,

"벌써 한 문제 풀었네. 이제 다음 문제를 풀어야겠구나."

이렇게 말해주면, 썩 내키지 않더라도 다음 문제를 풀곤 했죠. 엄마의 실황 중계 덕에 한 문제 한 문제 풀다 보면 시동이 걸리고, 본격적으로 집중해서 공부하게 되는 겁니다. 물론 아이의 모습을 말로 표현하는 것뿐이라니 쉬워 보일 수 있지만, 꽤 고생스러운 일이긴 합니다. 부모가 아이를 계속해서 관찰하

고 있어야만 할 수 있는 일이기 때문이죠. 게다가 아이를 관찰하는 과정에서 '빨리 좀 시작했으면', '똑바로 좀 했으면' 하는 끓어오르는 감정을 다스리고 억눌러야 하는데, 그게 그렇게 쉽지가 않습니다.

그럼에도 아이의 입장에서는 '엄마가 나를 항상 지켜봐주고 있구나' 하는 것을 몸소 느끼게 됩니다. 아이가 '난 지금 이대로도 괜찮아'라고 느끼면, 자신감이 붙고 자기긍정감 역시 높아집니다.

어떠세요? 조금 고생스럽더라도 해볼 만한 가치는 충분하겠죠? 당장 오늘이라도 아이가 학교에서 돌아오는 순간부터 실황 중계를 해보세요.

08

자기긍정감을 높이는
최고의 한마디

지금까지 아이를 믿고 자기긍정감을 키워줄 수 있는 방법을 살펴봤습니다. 마지막으로 아이의 자기긍정감을 높이는 데큰 도움이 되는 최고의 한마디를 알려드릴게요.

"태어나줘서 고마워."

세상에 이보다 더 좋은 말이 있을까요? 아이를 낳고 키워가면서 부모라면 누구나 아이의 얼굴을 마주보며, "태어나줘서 고마워", "아이고, 내 새끼! 정말 예쁘다!"라는 말을 해본 적이 있을 겁니다. 아이가 무언가를 하거나, 보기 좋은 결과를 냈기에 한 말이 아니죠.

이 말은 '네가 있어서 정말 행복해'라는, 즉 **아이의 존재 자체를 긍정하기 때문에 나오는 말**입니다. 그러니 언제 어느 때든 아이에게, "엄만 네가 있어서 정말 행복해!"라고 말해주세요. 조금 쑥스러워할지는 몰라도 엄마의 이 같은 고백을 싫어할 아이는 없습니다.

나만의 표현법을 찾을 것

아이가 초등학생 정도로 크면, "태어나줘서 고마워"라는 말을 하기가 솔직히 좀 힘듭니다. 하지만 말만 조금 바꾸면 그와 같은 마음을 얼마든지 전할 수 있습니다.

"네가 있으니 집에 활기가 넘치고 재미있어."
"네가 웃으니까 엄마도 기분이 좋아."
"네가 오니까 집이 갑자기 환해진 것 같아."

03장
아이의 자기긍정감을 높이는 말

이 외에도 다양한 표현이 있겠죠. 지금껏 해보지 않은 말과 표현이라면 처음에는 당연히 입 밖으로 꺼내기도 쑥스럽겠지만, 하다 보면 금방 익숙해집니다. 용기를 내서 한번 해보세요. 기뻐하는 아이의 모습을 보고 나면, 다음에는 더 자연스럽고 쉽게 말이 나올 테니까요.

저는 아이들이 학교에서 돌아오면, 늘 이렇게 말해주곤 했습니다.

"어서 와. 네 얼굴 보니까 엄마의 기분이 좋다!"

아이가 중학교에 올라가서도 그렇게 말하니, 매일 학교 갔다 돌아오는 빤한 일이 뭐 대단한 것이냐는 듯 아이의 반응이 시큰둥할 때도 있었어요. 하지만 그때도 "네가 아무 사고 없이 건강하게 집에 들어오니 얼마나 기쁜지 몰라"라고 말해주었죠. 사춘기라 반응이 크진 않았지만 분명 좋았을 거라 믿습니다.

"네 존재 자체가 엄마 아빠에겐 큰 행복이야"라고, 아이에게 자주 말해주세요. 평소에 '내가 존재하는 것만으로도 부모님에겐 큰 행복이구나' 하고 느낀다면, 자연스럽게 자기긍정감이 높은 아이로 성장합니다.

앞에서 언급했듯, 자기긍정감은 생각하는 힘이 자라는 토대가 됩니다. 그리고 아이의 자기긍정감은 부모가 조금만 노력하고 관심을 가져줘도 얼마든지 자랄 수 있습니다.

이제 아이의 생각하는 힘이 자라는 데 필요한 준비는 모두 끝났습니다. 다음 장부터는 자녀를 위해 부모가 어떤 말을 해줘야 하는지 구체적으로 살펴보겠습니다. 저만 믿고 따라오시길 바랍니다.

아이의 자기긍정감을 높이는
엄마의 말하기 연습

◇ "숙제는 이미 다 했지?"

◇ "역시!"

◇ "할 수 있어."

◇ "괜찮아."

◇ "이제부터 숙제하려고 그러는구나? 열심히 하렴."

◇ "실망하지 마. 다음엔 꼭 합격할 거야."

◇ "열심히 하고 있구나."

◇ "이번엔 어쩌다 점수가 나빴던 거야. 이름도 또박또박 잘 쓰고
글씨고 예쁘게 썼으니 다음엔 잘할 수 있어!"

◇ "오늘은 어쩌다 깜빡했구나?"

◇ "네가 날마다 열심히 공부한 거, 엄마가 다 알아."

◇ "청소해줘서 고마워. 구석에 있는 먼지까지 닦았으면 더 깔끔했을 텐데, 다음에는 구석도 잘 닦아주렴."

◇ "어, 그래 왔구나. 손 씻는구나. 간식 먹는구나."

◇ "어머, 문제집 꺼냈구나. 지금부터 공부하려고 하는구나."

◇ "벌써 한 문제 풀었네. 이제 다음 문제를 풀어야겠구나."

◇ "태어나줘서 고마워. 엄만 네가 있어서 정말 행복해!"

◇ "네가 있으니 집에 활기가 넘치고 재미있어."

◇ "네가 웃으니까 엄마도 기분이 좋아."

◇ "네가 오니까 집이 갑자기 환해진 것 같아."

◇ "네 존재 자체가 엄마 아빠에겐 큰 행복이야!"

4장

아이를 스스로
생각하게 만드는 말

01

실패를 기회로 바꾸는 말

우리의 자녀들이 생각하는 힘을 기르는 데 왜 자기긍정감
이 필요한지 충분히 이해했을 거라 믿습니다. 자기긍정감을 끌
어 올려주는 엄마의 말, 다들 실천하기 시작했나요?

이번 장에서는 자녀에게 생각하는 힘을 길러주기 위해, 평
소 부모가 어떤 말을 해야 하는지 자세히 살펴보려고 합니다.
물론 이미 아이의 자기긍정감이 높다는 것을 전제로 설명하겠
지만, 제가 지금부터 알려드릴 방법을 실천하면 아이의 자기긍

137

정감이 더 올라가는 데도 도움이 될 겁니다.

아이가 초등학생 정도로 성장하면, 부모들이 자녀에게 심부름이나 자잘한 일을 시키곤 합니다. 그중에서도 저는 자녀의 생각하는 힘을 기르는 데는 요리가 매우 효과적이라고 생각합니다. 요리를 하려면 계획하고 순서를 정하는 능력은 물론, 집중력과 상상력 등이 요구되는데, 이 모든 것이 생각하는 힘을 기르는 데 도움이 되기 때문입니다.

다만, 요리를 할 때는 늘 실패할 위험이 뒤따릅니다. 자녀가 함박 스테이크를 만드는 상황을 가정해볼까요? 아이가 고기를 잘게 갈고 열심히 다져서 알맞은 크기의 스테이크 덩어리를 만들었습니다. 하지만 막상 프라이팬에 올려 굽는 단계에서, 그만 고기를 새까맣게 태워버리고 말았어요.

이럴 땐 어떤 말을 해야 할까?

부모 된 입장에서, 여러분이라면 다음 다섯 가지 예시 중 어떻게 행동할 것 같나요?

① "모처럼 고기를 사왔는데 그걸 태웠어?" 하며 버럭 화를 낸다.

② "네가 하는 일이 다 그렇지 뭐" 하면서 투덜댄다.

③ "하아⋯⋯" 하고 한숨을 쉰다.

④ "아쉽지만 어쩔 수 없지" 하며 위로한다.

⑤ "괜찮아, 다음엔 잘 구울 수 있을 거야!" 하며 격려한다.

사람에 따라 다양한 반응을 보이겠지요. 참고로 저는 ③번처럼 길게 한숨을 내쉴 때가 많았습니다. 어찌 됐든 아이에게 버럭 화를 내는 일만은 하지 않으려고 노력했기 때문에, 감정을 억누르는 게 최선이었던 겁니다. 그 아까운 고기를 태우다니요! 안타깝고 속상한 마음이 커 웃는 얼굴로 아이를 격려하기는 힘들었죠.

하지만 아이와 함께 한 해 두 해 요리를 하다 보면, 그런 실패에도 익숙해집니다. 처음에는 "하아⋯⋯" 하고 한숨만 내쉬었지만, 어느 순간부터 "괜찮아, 다음엔 잘할 수 있을 거야!" 하며 격려하게 되었죠.

아이와 함께 요리를 할 때는 아이가 실패하더라도 이를 통해 무엇을 배우게 할 수 있을지 생각해둬야 합니다. 예컨대, 함박 스테이크를 만들다 고기를 태웠다면, 아이가 다음과 같은 것을 배울 수 있을 겁니다.

① 불 조절에 주의해야 한다.
② 프라이팬에서 눈을 떼서는 안 된다.
③ 프라이팬에서 나는 소리를 잘 들어야 한다.

고기를 태워본 후에야 아이는 이와 같은 원인과 대책을 찾아낼 수 있습니다. 물론 엄마가 직접 가르쳐주면 실수를 줄이고 이해도 빨리 할 수 있을 겁니다. 하지만 스스로 생각하는 힘을 키울 기회가 사라지겠죠. **그러니 아이 스스로 실패한 원인을 찾아내게 해야 합니다.**

"불 조절은 어떻게 했어?"
"프라이팬에서 탁탁 튀는 소리가 안 났니?"

이렇게 친절한 어투로 질문만 해도, 아이 스스로 원인과 대책을 찾을 겁니다.

난감할 때는 침묵도 답이다

아이가 실패했을 때, 부글부글 끓어오르는 분노의 감정이 도저히 가라앉지 않는다면 어떻게 해야 할까요? 이제와 돌이켜보면, 저희 아이들도 수많은 실패를 거듭했습니다. 그럴 때마다 피가 거꾸로 솟는 것 같은 느낌을 받았죠. 그럼에도 제가 그런 감정을 잘 추스를 수 있었던 이유는 무엇일까요?

실패야말로 아이가 스스로 생각할 수 있는 기회라는 말을, 수없이 마음속으로 되뇌었기 때문입니다.

그렇게 하다 보니 "괜찮아!" 하면서 아이를 격려할 수 있게 되었죠. 물론 매번 밝은 모습으로 대응하지는 못했습니다. 도저히 고운 말이 나올 것 같지 않을 때는 어떻게 했냐고요?

아무 말도 하지 않고 가만히 있었습니다. 돌부처마냥 꼼짝도 하지 않았죠. 입을 열면 막말을 쏟아낼 것 같고, 손을 움직이면 프라이팬을 낚아챌 것 같았으니까요. 움직이지 않고 가만히 있음으로써 아이가 스스로 생각하게끔 했습니다. 실제로 아이들은 돌부처처럼 굳어버린 채 꼼짝도 않는 저를 힐끗힐끗 곁눈

○4장
아이를 스스로 생각하게 만드는 말

질하며, 뒷정리를 했습니다. 정리하면서 어쩌다가 고기를 태웠는지 생각했다고 합니다. 덕분에 지금은 세 아이 모두 함박 스테이크를 아주 알맞은 익기로 맛있게 만들게 되었답니다.

침묵이 가장 좋은 방법은 아닙니다만, 무턱대고 화를 내는 것보다는 훨씬 낫다고 생각합니다. 빤한 말 같아도 실패는 성공의 어머니임에 틀림없습니다. 실패를 통해 우리는 정말 많은 것을 배우기 때문이죠.

순간적인 감정에 휩싸여 자녀에게 내뱉은 엄마의 말이, 아이가 생각하는 힘을 키울 수 있는 기회를 빼앗는다고 생각하면 정말 아깝지 않나요? 물론 그런 순간에 화가 나는 건 너무 당연하기 때문에, 이와 같은 상황이 펼쳐질 때 구체적으로 어떻게 해야 할지 미리 생각해두는 것이 좋습니다.

아이가 실패했을 때 엄마가 가장 먼저 내뱉어야 할 말은, "괜찮아!"입니다. 입버릇이 될 정도로 여러 번 연습하고 말해보세요.

02

감정적인 말을
이성적인 말로 바꾸기

앞서 말한 것처럼 저는 눈앞에서 큰 실수를 저지른 아이에게는 도저히 고운 말이 나올 것 같지 않아, 아무 말 없이 가만히 지켜보는 방법을 택했습니다. 물론 그보다는 밝은 목소리 톤으로 아이를 다독이는 편이 훨씬 좋을 겁니다. 하지만 아이의 실수에 화부터 내는 엄마들이 그토록 많은 건 그렇게 하기가 힘들기 때문이 아닐까요?

실수를 저지른 아이를 다독이는 말을 '긍정적인 말', 화를 표출하는 말을 '부정적인 말'이라고 규정한다면, 아무 말도 하지 않는 건 '플러스 마이너스 제로'일 겁니다. 부모라면 누구나 아이가 바르게 성장하는 데 도움이 되는 말을 해주고 싶겠죠. 하지만 자신도 모르는 사이 튀어나오는 건 주로 부정적인 말일 때가 많습니다.

부정적인 말은, 그 어떤 과정도 거치지 않고 바로 입 밖으로 튀어나옵니다. 왜 그럴까요? 감정에서 비롯된 말이기 때문입니다. 반대로 긍정적인 말은 이성에서 비롯된 말이죠. 생각을 한 번 거친 후에 나오는 말이라서, 무심결에 입 밖으로 튀어나오기가 어려운 겁니다. 하지만 우리 아이를 성장시키는 긍정적인 말을 하고 싶다면, 이성에서 비롯된 말을 해야 합니다. 그럼 지금부터 감정에서 비롯된 말을 이성에서 비롯된 말로 바꾸는 연습을 해볼까요?

빨리빨리 해!

"빨리빨리 해!"라는 말은 많은 사람이 무심결에 자주 내뱉는 말입니다. 하지만 엄마로부터 이 말을 듣는 아이들에게는,

"넌 그거 하나 빨리빨리 하지 못하는 굼뜬 아이야!"라는 비난으로 들립니다. 이 말이 마음 한편에 있는 무의식에 차츰차츰 쌓여 새겨지면, 더욱 행동이 느려지는 악순환에 빠지게 됩니다. 이제 "빨리빨리 해!" 대신 이렇게 말해보세요.

"언제 할 거야?"

이렇게 말하면 아이는 일의 순서를 생각하고, 해야 할 일을 언제 하면 될지 스스로 결정합니다.

왜 이것도 못 해?

아이가 시험 문제를 틀렸을 때, "왜 이것도 못 해?" 하며 윽박지른 적이 있나요? 특히 단순한 계산에서 실수했거나 문제를 잘못 읽어서 틀렸을 때는 더 화가 나죠. 하지만 "왜 이것도 못 해?" 하면서 화를 내봤자, 아이는 할 말이 없습니다. 무엇보다 아이의 무의식 속에 '나는 시험을 망치는 아이'라는 인상이 심어지면, 더욱 나쁜 영향을 미칠 수 있으니 주의가 필요합니다. 따라서 그럴 때는 이렇게 말해주세요.

○4장
아이를 스스로 생각하게 만드는 말

"이 문제가 어려웠구나. 다음에는 잘 풀 거야!"

엄마가 그렇게 말해주면 아이 또한 '난 다음에는 잘할 수 있는 아이야'라고 생각하게 됩니다. 그렇게 생각하면 밝은 마음으로 시험 준비를 할 테고, 다음에 또 틀리지 않으려면 어떻게 해야 할지 더욱 깊이 생각할 수 있게 됩니다.

안 돼!

"안 돼!"라는 말은 '엄마가 입버릇처럼 내뱉는 말 BEST 3' 안에 드는 말입니다. 부모 입장에서는 지금 아이가 하고 있는 행동이 옳지 않다는 뜻으로 하는 말이지만, 아이에게는 "너 자체가 나빠!"라는 말로 들리기 때문에 무섭습니다.

물론 훈육을 하다 보면, 안 된다고 말해야 하는 순간도 있죠. 그럴 때는 다음처럼 무엇을 하면 안 되는지 구체적으로 말해주어야 합니다.

"○○(같은 행동을) 하면 안 돼."

아이가 벽에 낙서를 하고 있다면, "벽에 낙서하면 안 돼"라고 말하는 식이죠. 이렇게 구체적으로 말해주면 아이는, '나 자체가 나쁜 게 아니라, 벽에 낙서를 하는 행동이 잘못된 거구나' 하고 알아듣습니다.

사람은 누구나 자신을 부정당하면, 자기긍정감이 떨어집니다. 그리고 자기긍정감이 떨어지면 스스로 생각하거나 앞을 향해 나아갈 수 없습니다. 아이에게 "안 돼!"라고 말할 때는 오해가 생기지 않도록 세심한 주의가 필요합니다.

똑바로 해!

"똑바로 해!"라는 말도 엄마들이 자주 입에 담는 말입니다. 그런데 사실 아이들은 똑바로 하라는 말이 무슨 뜻인지 잘 모릅니다. 원래부터 애매한 말이죠. 다 큰 어른에게 누군가가 "책상 정리를 똑바로 해"라고 말한다면 어떻게 될까요?

책상 위에 있던 물건을 모조리 치우고 반짝반짝하게 닦는 사람, 물건을 무작정 서랍 속에 쳐넣는 사람, 여기저기 흩어져 있는 서류를 가지런히 정리해서 올려두는 사람 등, 저마다 다른 의미로 알아듣고 다르게 행동할 겁니다.

이와 같은 이유로, 인생 경험이 부족한 아이들에게는 처음부터 무엇을, 어떻게 똑바로 해야 하는지 구체적으로 말해주어야 합니다. "장난감 정리를 똑바로 해"라고 말하지 말고 다음처럼 말해보세요.

> "인형은 선반 위에 올려두고, 나무 블록은 블록 상자에 집어넣으렴. 그리고 크레파스는 두 번째 서랍을 열어서 맨 앞에 있는 상자에 넣어두면 돼."

이렇게 정확히 말하면 아이는 '똑바로'라는 추상적인 말을 구체적으로 생각하게 됩니다. 이는 머릿속에 논리가 생긴다는 뜻이기도 합니다. 이 같은 논리가 생각하는 힘을 키웁니다.

그만해!

"그만해!"라는 말도 엄마라면 누구나 해본 적이 있는 말이죠. 하지만 이 말이 아이를 향한 애정이 아니라, 엄마의 울분에서 비롯된 말이라는 걸 아나요? 아이에게 그만하라고 소리 질러도 아이는 어디까지 하면 괜찮은 것인지 알지 못합니다.

초등학교 고학년 정도가 되면 아이가 말의 이면에 감춰진 부모의 감정을 감지해낼 수 있기 때문에 다소 효과가 있을지 모르지만, 저학년도 안 되는 아이들은 엄마의 말이 무슨 뜻인지 잘 알아채지 못합니다. 그저 부모가 화내는 모습에 기가 질려서 공포를 느낄 뿐이죠.

그만하라는 말이 튀어나올 때는 부모 역시 흥분한 상태이기 때문에, 냉정하고 이성적으로 생각한 뒤 말하기가 불가능합니다. 그럴 때는 일단 다음처럼 말하며 마음을 솔직하게 표현하는 게 낫습니다.

"지금 하는 장난을 더 하면 엄마가 정말 화낼 거야!"

이렇게 이야기하는 엄마의 말을 듣고 장난을 계속 할지 그만둘지는 아이 스스로가 판단합니다. 이처럼 아이에게 우선 판단할 수 있는 시간을 준 다음, 그래도 아이가 장난을 계속한다면 그때 참지 말고 혼내도 됩니다.

이렇게 몇 가지 사례를 통해 감정에서 비롯된 말을 이성적인 말로 바꾸는 연습을 해봤는데, 어떤가요? 여기에는 추상적인 표현을 구체적인 표현으로 바꿔서 이야기한다는 공통점이 있습니다.

엄마가 이성적으로 생각해본 뒤 말을 하면, 아이 역시 엄마의 말을 '구체적'으로 이해할 수 있습니다. 그렇게 머릿속이 정리되면, 자연스럽게 논리적으로 생각할 수 있게 되죠. 이와 같은 논리가 생각하는 힘을 기르는 밑거름이 되는 건 분명합니다. 평소에도 되도록 감정적인 언어보다 이성적인 언어를 사용하도록 노력해보는 건 어떨까요?

생각하는 힘을 키우는
엄마의 질문력

"TV 그만 보고 얼른 숙제해!"

눈을 부릅뜬 엄마가 이렇게 말하면, 아이는 어떨까요? 대개
는 겁을 잔뜩 먹겠죠. 초등학교 저학년 아이에게는 제법 효과
가 클지도 모릅니다. 하지만 결국 아이가 숙제를 한다고 해도
그건 엄마가 화내는 상황을 회피하기 위해서지, 정말 '숙제를
해야겠다'는 생각이 들어서 한 것이 아닙니다. 즉, 스스로 계획
을 세워서 공부한 것이 아니라는 말입니다.

수동적인 행동으론 아무것도 얻지 못한다

이처럼 부모의 말을 듣고 움직이는 것은 수동적인 행동입니다. 아이 스스로가 생각해서 하는 행동이 아니죠. 만약 아이가 혼자서 하루 계획을 세워 TV 시청 이후 숙제를 하기로 정하고 그대로 따랐다면, 이는 스스로 생각해서 한 행동이죠. 똑같이 TV를 본 다음에 숙제를 하더라도, 부모 말에 따르는 것과 스스로 하는 행동에는 큰 차이가 있습니다.

열린 질문 활용법

"물론 저도 아이가 스스로 생각해서 행동했으면 좋겠어요. 하지만 그게 뜻대로 안 되니까 힘들어요. 어떻게 해야 할지 방법을 가르쳐주세요." 엄마들이 이렇게 말하는 목소리가 들리는 것 같네요. 알겠습니다. 좋은 방법을 알려드릴게요.

부모와 아이 사이에 오가는 말에는 '명령문'이 무척 많습니다. "숙제해야지"라는 말도 엄연히 보면 명령문이죠. 아이든 어른이든, 인간은 다른 사람에게 명령받는 것을 싫어합니다. 명령에 따르는 것은 타인이 시켜서 억지로 하는 행동이기 때문이죠. 따라서 명령에 따르게 하기보다는 스스로 움직이게 만들어야 합니다. 어떻게 해야 아이 스스로 움직일까요?

아이에게 '물음꼴'로 말을 건네면 큰 효과가 있습니다.

"숙제 할 거야, 안 할 거야?" 같은 말은, 형식은 물음꼴이지만 내용이 명령문입니다. 어차피 'No'라는 대답을 하면 안 되니까요. 따라서 필연적으로 'Yes' 혹은 'No'라는 대답이 나오는 '닫힌 질문Closed Question'을 피해야 합니다. "숙제 할 거야, 안 할 거야?" 대신, "숙제는 언제 할 거야?"라고 묻는 식이죠. 그러면 숙제 따위 염두에 두지 않았던 아이라도, 숙제가 있다는 사실을 떠올리며 언제 할지 생각하기 시작합니다.

그 계기가 바로 엄마의 질문입니다. 이처럼 'Yes' 혹은 'No'로 대답할 수 없는 질문을, '열린 질문Open Question'이라고 합니다. 열린 질문을 받은 아이는 어떻게 대답할지 스스로 생각해내야 합니다. 일상생활에서 생각할 기회가 늘어나면, 공부할 때도 생각하는 행위가 부담으로 작용하지 않죠. 그래서 공부력을 향상시키는 데도 도움이 됩니다.

○ 4장
아이를 스스로 생각하게 만드는 말

언제, 무엇, 어디, 누구, 어떻게

아이에게 열린 질문을 던질 때는, '언제'와 더불어 '무엇', '어디', '어떻게' 등의 의문사를 활용하는 방법이 좋습니다. 다만, '왜'를 활용할 때는 세심한 주의가 필요합니다.

"왜 너는 그것도 못 해?"
"왜 너는 이런 짓만 해?"

이 같은 질문은 아이를 질책하는 말투가 되기 십상이니까요.

[무엇]

이렇게 이유를 물으면, 아이는 왜 지금 공부하기 싫은지 그리고 공부하기 싫은 마음을 떨쳐내려면 어떻게 해야 하는지 생각합니다. 그런 과정이 생각하는 힘으로 이어집니다.

[어디]

이렇게 생각할 계기를 만들어주면, 아이는 현관에 책가방을 던져두면 엄마가 좋아하지 않는다는 걸 알아챕니다. 상대의 마음을 헤아림으로써 자신의 행동을 바꾸는 법도 배울 수 있죠.

[누구]

이 같은 질문을 하면, 'TV를 더 보고 싶긴 하지만 엄마는 부엌 뒷정리를 하느라 바빠 보이니까 내가 지금 씻어야지' 하고 생각합니다. 즉, 가족 중에 누가 먼저 씻어야 할지 스스로 생각해서 순서를 정할 수 있습니다.

ㅇ 4장
아이를 스스로 생각하게 만드는 말

[어떻게]

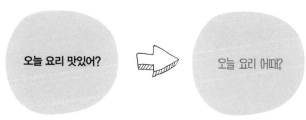

오늘 요리 맛있어? → 오늘 요리 어때?

어미를 조금 바꿨을 뿐이지만, 아이가 받아들이는 데는 큰 차이가 있습니다. "오늘 요리 맛있어?"라는 질문엔 'Yes' 혹은 'No'로만 대답할 수 있으니 생각할 필요가 없습니다. 반면 "오늘 요리 어때?"라는 질문에 대답하려면 생각이 필요하죠. 그렇게 묻는다면 아무 생각 없이 음식을 먹던 아이라도 요리 하나하나의 맛을 음미하면서 먹게 되지 않을까요?

각오가 되어 있나요?

이처럼 아이에게 열린 질문을 하면 명령문으로 말할 때보다 아이 스스로 생각하는 자세를 기르는 데 효과가 있습니다. 다만, 이때는 '부모의 마음가짐'이 중요합니다.

'지금 당장 숙제를 하게 만들어야 해!'라는 생각이 너무 강하면, 아무리 열린 질문 형식을 취해도 아이가 민감하게 알아채고 명령문을 들었을 때와 똑같은 압박감을 느낍니다. 만약 "숙제 언제 할 거야?"라고 물었을 때, 아이가 "내일 아침에 할래"라고 대답하면 어떻게 하시겠어요? 괜히 욱해서 "내일 아침은 너무 늦어! 지금 당장 해!"라고 화를 낸다면 모든 일이 수포로 돌아갑니다.

열린 질문을 던질 때는 아이가 무슨 대답을 하든 다 받아들일 각오를 하고 있어야 합니다.

그러면 어떤 선입견이나 고정관념에 사로잡히지 말고, '정말 지금 꼭 그 일을 해야 하는지' 생각한 다음 말을 꺼내는 편이 좋습니다. 중요한 내용이니 가슴에 꼭 새겨두기 바랍니다.

○ 4장
아이를 스스로 생각하게 만드는 말

04

알려줘야 할 것은
정답까지 가는 길

"엄마! 내일 모의고사 시험장은 내가 처음 가보는 곳
인데, 집에서 몇 시에 나가면 될까?"

만약 여러분의 자녀가 이렇게 물었다면, 어떻게 대답하시
겠어요?

"전철을 두 번 갈아타야 하는데 조금 빨리 도착하는
편이 좋으니까, 7시 반쯤 나가면 되지 않을까?"

이런 식으로 혹시라도 늦을 수 있는 가능성까지 감안해 친절하게 가르쳐줄 수 있겠죠. 아무래도 어른은 시간이나 방향에 대한 감각이 보다 정확하기에, 아이가 이 말에 따른다면 절대 지각하지 않을 겁니다. 그런데 이렇게 알려주는 것이 정말 맞을까요?

그렇게 모든 가능성까지 감안해 부모가 방법을 제시해주면, 아이는 아무 생각도 하지 않습니다. 그럴 필요가 없으니까요.

지나친 친절이 화를 부른다

여러분의 자녀가 생각하는 힘을 갖추길 바란다면, 조금은 불친절해지는 편이 좋습니다. 친절한 가르침이 모처럼 아이 스스로 생각할 수 있는 기회를 빼앗을 뿐이니까요. 그렇다고, "스스로 생각해!" 하며 매정하게 뿌리치면, 아이가 패닉 상태에 빠질 수 있으니 지혜가 필요합니다.

아이가 도저히 자기 힘으로 답을 찾지 못할 것 같다면, **정답이 아니라 '정답에 이르는 길'을 일러주세요.** 예컨대, "○○ 역에서

○4장
아이를 스스로 생각하게 만드는 말

△△ 선으로 갈아탄 뒤 세 번째 역이야"라는 식으로 정보만 주고, 나머지 도착지까지 소요되는 시간이나, 지각하지 않으려면 몇 시에 출발해야 하는지 등은 아이 스스로 생각해서 찾게 하는 것이죠.

초행길에 시간을 잘못 계산하거나 지하철을 잘못 갈아타서 아이가 지각을 하게 될 수도 있습니다. 그래도 괜찮습니다. 모의고사에 한 번 지각했다고 해서, 실제 시험 날에 지각할 것은 아니잖아요.

실패도 경험입니다. 한 번 지각한 아이는 '다음엔 15분 일찍 나가야지' 하면서 개선책을 마련할 겁니다. 이러한 과정이 모의고사 한 번 치르는 일보다 더 중요합니다.

부모의 저력이 발휘되는 대목

정답이 아니라 정답에 이르는 길을 일러준다는 말에서, '길을 일러준다'는 말을 **'절묘한 힌트를 준다'**는 말로 바꿀 수 있습니다. 자녀에게 정답에 이르는 절묘한 힌트를 줄 기회는 일상생활에서 얼마든지 만들 수 있습니다. 예를 들어, 아이와 요리를 할 때도 찾을 수 있지요.

"지금부터 감자 샐러드 만들 거야. 엄마는 감자를 삶을 테니까, 넌 오이를 썰어!"

이렇게 지시를 내리면, 아이는 그저 엄마가 시키는 그대로 합니다. "달걀 까줄래?"나 "감자 으깨야지" 같은 말도 마찬가지입니다. 이런 말들은 힌트가 아니라 엄마의 명령입니다. 명령에 따르기만 하다 보면, 아이는 스스로 생각하지 않는 수동적인 사람이 됩니다.

이번 장을 시작하면서, 요리하는 일이 생각하는 힘을 기르는 데 매우 효과적인 방법이라고 말씀드렸습니다. 아이와 함께 요리를 하며 다양한 것을 시켜보세요. 다만, 어떻게 시키느냐에 따라 아이가 생각하는 힘을 기르는 데 큰 차이가 생깁니다.

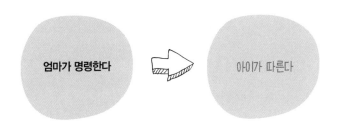

엄마가 명령한다 → 아이가 따른다

○4장
아이를 스스로 생각하게 만드는 말

이러한 방법으로는 아이의 생각하는 힘이 별로 자라나지 않습니다. 물론 아이에게 심부름이나 자잘한 일을 전혀 시키지 않는 것보다는 훨씬 나을 겁니다. 하지만 모처럼 아이가 엄마를 돕겠다는 의욕으로 나선 상황이라면 아이의 생각하는 힘이 쑥쑥 자라는 방법으로 엄마를 돕게 하는 게 어떨까요?

"오늘 저녁에는 카레라이스와 샐러드를 먹을 거야. 모두 네가 알아서 준비해줄래?"라고 하며, 아이에게 식사 준비를 전부 맡기는 방법이 가장 좋긴 합니다. 하지만 아이가 너무 어리거나 요리 경험이 부족할 때는 이렇게 전 과정을 맡기기가 힘들죠. 너무 어렵고 부담스러워 아이가 아예 포기하거나 내팽개칠 수도 있고요.

이럴 때는 엄마가 절묘한 힌트를 줄 필요가 있습니다. 이를테면 "엄마는 지금부터 감자를 삶을 건데, 넌 뭐할 거야?" 같은 질문으로 말이죠. 그러면 아이는, 다음과 같은 것들을 스스로 생각하게 됩니다.

- 감자 샐러드에 들어가는 재료
- 재료를 써는 법과 익히는 법

- 재료의 양
- 요리의 순서

물론 처음에는 오이를 소금으로 문질러 씻어야 한다는 사실을 몰라서, 감자 샐러드에 거칠거칠한 오이가 들어갈 수도 있습니다. 카레는 이미 완성됐는데, 감자 샐러드 때문에 식사가 늦어지는 상황이 벌어질 수도 있겠죠. 하지만 이런저런 실패를 거듭하다 보면, 어느덧 아이도 감자 샐러드를 맛있게 만들 수 있게 될 겁니다. 생각하는 힘이 무럭무럭 자라나는 것은 물론이죠!

엄마는 힌트를 너무 많이 줘서도, 아이가 아무것도 모르고 헤매는데 그저 지켜보기만 해서도 안 됩니다. 아이가 정답에 이르기까지 얼마나 절묘한 힌트를 주느냐에서 엄마의 저력이 드러납니다.

다음 장에서는 공부를 할 때 아이의 생각하는 힘이 자라도록 도울 수 있는 엄마의 말하기 방법을 살펴보겠습니다. 지금껏 제가 알려드린 내용을 잘 이해했다면, 금방 실천할 수 있을 겁니다.

'우리 아이는 자기긍정감이 낮은 것 같아.'

'우리 아이에게는 스스로 생각하는 힘이 없어.'

여전히 이런 걱정이 사라지지 않았다고 해도 괜찮습니다. 자기긍정감과 생각하는 힘은 한 가지 방법을 실천함으로써 동시에 키울 수 있기 때문입니다. 이를 명심하고 끝까지 저를 따라오세요.

아이를 깊이 생각하게 만드는
엄마의 말하기 연습

◇ "괜찮아, 다음엔 잘할 수 있을 거야!"

◇ "불 조절은 어떻게 했어?"

◇ "프라이팬에서 탁탁 튀는 소리가 안 났니?"

◇ "괜찮아."

◇ "언제 할 거야?"

◇ "이 문제가 어려웠구나. 다음에는 잘 풀 거야!"

◇ "○○ (같은 행동을) 하면 안 돼!"

◇ "지금 하는 장난을 더 하면 엄마가 정말 화낼 거야!"

◇ "지금 공부를 하지 않는 이유가 뭐야?"

◇ "책가방을 어디에 놓으면 좋을까?"

◇ "다음엔 누가 씻을까?"

◇ "오늘 요리 어때?"

◇ "엄마는 지금부터 감자를 삶을 건데, 넌 뭐할 거야?"

아이를 공부하게
만드는 엄마의 말

아이가 공부할 때
부모가 체크해야 할 것

자녀가 어떻게 공부를 해야, 진짜 공부력인 '생각하는 힘'이 생길까요? 이것이 이번 장의 주제입니다. 우선 질문 하나를 드리겠습니다. 여러분은 아이가 열심히 공부하고 있는지, 아닌지를 어떻게 판단하나요?

자녀가 공부하는 모습을 지켜볼 때, 부모의 눈에는 아이가 공부한 시간이나 아이가 노트나 인쇄물에 기록한 글자만 보입니다. 그래서 아이가 1시간 공부했는데도 노트나 인쇄물에 아무 내용도 적혀 있지 않다면, 아이가 제대로 공부하지 않았다고 판단하지요. 정말 그럴까요?

아이가 그 시간 내내 문제에 대해 진지하게 고민하고 해결하기 위한 방법을 모색했다면 어떨까요? 그렇다면 공부한 양이나 시간을 확인하는 일이 큰 의미가 없겠죠. 특히 평소에도 무엇이든 깊이 생각하는 습관이 몸에 밴 아이라면, 공부할 때도 예외가 아닐 겁니다.

그렇기 때문에 부모는 아이가 **공부한 시간이나 양이 아니라, 아이가 '생각한 흔적'을 확인해야 합니다.** 물론 생각한 흔적을 찾는 것은 쉬운 일이 아닙니다. 아이의 머릿속을 눈으로 볼 수는 없기 때문이죠.

하지만 아이들은 부모가 강제로 자기의 문제집이나 노트를 검사하는 건 싫어해도, 정말 열심히 공부했을 때는 그 성취감을 누군가에게 알리고 싶어 하게 마련입니다. 여러분은 어떻습니까? 오믈렛을 예쁘고 맛있게 만들었다거나 어려운 직소 퍼즐을 완성했다면, 배우자나 아이들에게 "이것 봐!" 하고 자랑하고 싶어지지 않나요?

무언가를 달성했을 때 다른 사람으로부터 인정받고 싶고, 실패했을 때는 따뜻하게 위로받고 싶은 것이 사람 마음입니다. 공부도 마찬가지죠. 그러니 부모인 여러분이 먼저, 이렇게 물어봐주세요.

"오늘은 어떤 공부를 했니?"

열심히 공부해서 성취감을 느낀 아이라면, "오늘은 수학 문제를 다 풀었어. 마지막 문제가 좀 헷갈리긴 했는데, 곰곰이 생각해보니까 공식이 떠오르더라고" 하면서 묻지 않은 것까지 술술 이야기할 겁니다.

사춘기에 접어들면서 부모와 거리를 두려고 하는 아이들이라도 질문만 잘 골라서 하면 순순히 대답을 해줍니다. 반대로 공부가 잘 되지 않아서 풀이 죽은 아이라면 안색이나 목소리에서 티가 납니다. 그럴 때는 혼을 내거나 섣불리 위로하려고 하지 말고, 이렇게 말해주세요.

"많이 어려웠구나."

이처럼 아이의 마음을 헤아리고 공감해주면, 아이도 마음을 엽니다. 저의 경험에 비춰보건대, 아이의 공부가 잘 될 때보다는 잘 되지 않을 때, 엄마의 역할이 중요합니다. 공부가 잘 되지 않아서 시무룩해 있으면, "더 열심히 해"라고 말하며 다독이고 싶겠지만, 열심히 해도 잘 되지 않은 아이에게는 이 말 자체가 너무 가혹합니다. 오히려 아이가 아예 마음을 닫아버릴 수도 있으니 그럴 때일수록 아이의 마음에 공감해줘야 한다는 점, 잊지 마세요.

과정을 인정해주기

자녀가 어떻게 공부하고 있는지 들여다보고 싶은데, 아이가 유독 싫어하며 거부할 때가 있지 않나요? 그럴 때는 이제껏 아이와 주고받았던 말들을 되짚어보세요.

"이것 봐. 여기 잘못됐잖아!"
"글씨 좀 예쁘게 써."
"똑같은 데서 또 틀렸잖아?"

그동안 이렇게 아이의 '모자란 부분'만 지적하지 않았나요? 정말 그렇게 해왔다면 아이가 싫어하는 마음도 충분히 이해됩니다. 오늘부터라도 좋으니, 아이가 '잘한 부분'을 인정해주세요. 시간은 좀 걸리겠지만, 아이가 잘한 부분을 자꾸 인정해주다 보면 머지않아 아이도 마음을 엽니다.

그리고 하나 더. 아이가 공부하는 내내 옆에서 지켜보기는 어렵겠지만, 집에 있는 동안만이라도 틈틈이 들여다보세요. 또한 아이가 공부를 마쳤을 때나 공부하는 중간이라도 열심히 노력하고 있다는 것이 느껴질 때는 인정해주기 바랍니다. **그것이 바로 '과정을 인정해주는' 자세입니다.**

자신이 공부하고 있다는 사실을 부모로부터 인정받은 아이는 더 열심히 배우고자 노력하게 되고 생각하는 힘도 자랍니다. 공부력을 향상시키는 지름길은 없습니다. '급할수록 돌아가라'라는 말도 있듯이, 직접 자녀의 공부에 관여하기보단 지켜봐주고 마음을 쓰는 노력을 해야 합니다.

초등학생에게
계획하는 능력이 필요할까?

"오늘은 놀이동산 가자."
"우와, 얼른 가요!"

  자녀가 초등학교에 올라가기 전까지는 어딜 가서 무엇을 하며 시간을 보낼지를, 주로 부모가 결정합니다. 자녀가 어려서 충분한 정보를 가지지 못했을 때는 그럴 수밖에 없겠죠. 하지만 그것이 습관이 되도록 만들면 안 됩니다. 무슨 일이든 부모가 계획을 세워주는 게 당연해질 수 있기 때문이죠. 그게 습관이 되면 시간이 흘러 성인이 되어서도 <u>스스로</u> 계획하는 법을 배우지 못합니다.

계획력이 생각하는 힘을 키운다

저는 아이가 초등학생이 되면 계획하는 능력을 길러줘야 한다고 생각합니다. 사실 빠르면 빠를수록 좋습니다. 왜냐고요? **계획하는 과정이 곧 생각하는 과정이기 때문입니다.**

어떤 일에 대한 계획을 세우려면, '이 일을 ○○일까지 끝내려면 우선 △△를 하고, 그 다음엔 ▢▢을 해야 한다. 그러려면 ◇◇를 먼저 해둬야겠구나' 같은 식으로 이리저리 머리를 굴려야 합니다. 그 과정에서 생각하는 힘이 길러지죠. 계획을 통해 얻을 수 있는 장점이 그것만 있는 건 아닙니다.

부모나 교사가 시켜서 하는 공부와 <u>스스로</u> 계획을 세워서 하는 공부. 어느 쪽이 더 단단한 결실을 맺을지는 굳이 말하지 않아도 알 수 있죠. 아이가 한자 쓰기 숙제를 해야 한다고 합시다. 숙제니까 어쩔 수 없이 해야 한다면, '아, 하기 싫어. 귀찮

아. 저녁에는 학원에 가야 하니까 다녀와서 자기 전에 해야지. 참, 그 전에 TV도 잠깐 봐야 해. 그럼 취침 시간일 테니 빨리 써야겠네. 빨리빨리 대충 한 페이지만 채우고 끝내자' 하는 생각이 들 겁니다.

반면에 계획력이 있으면, '오늘은 한자 5개를 노트 한 페이지 분량에 쓰면서 외워야지. 저녁엔 학원에 가야 하니까, 그 전에 집중해서 15분 안에 끝내는 거야' 하며, 스스로 계획해서 한자 연습을 하게 되겠지요. 그렇게 아이가 계획을 세우고 목표를 가지고 공부하면, 학습력이 향상될 수밖에 없습니다. 이에 성적까지 오르면 자신도 기분이 좋기 때문에, 더욱 꼼꼼하게 계획하고 실행하는 습관이 생깁니다. 아이가 스스로 계획할 수 있도록 부모가 신경 써야 하는 이유도 이 때문이죠.

게임처럼 즐기는 계획 세우기

그럼 어떻게 하면 자녀에게 계획하는 능력을 길러줄 수 있을까요? 제가 아이들에게 활용한 방식은, '15분을 1단위로' 삼아 계획을 세우게 한 것이었습니다. 아이가 수업을 마치고 학교에서 돌아오는 시간이 오후 4시, 잠자리에 드는 시간이 밤 8시라고 가정해봅시다. 그럼 집에서 활동할 수 있는 시간은 4시간입니다.

15분을 1단위로 하면 1시간은 4단위이기 때문에, 4시간이면 총 16단위가 됩니다. 이렇게 단위를 나눴으면, 그 날 할 일을 종이에 적고 그 일을 하는 데 각각 어느 정도의 시간이 필요할지 가늠합니다.

저녁 먹는 데 30분이 걸리면 2단위, 씻는 데 15분이 걸리면 1단위, TV를 1시간 시청하면 4단위 같은 식으로, 할 일을 전부 단위로 환산해서 적는 겁니다. 물론 공부하는 시간과 양치질하는 시간, 노는 시간도 넣어야 합니다. 이 모든 시간을 합쳐 16단위라면, 주어진 시간 동안 하고 싶은 일과 해야 할 일을 모두 할 수 있다는 뜻입니다.

하지만 이를 합쳤더니 18단위라면 2단위를 줄어야겠죠. 무엇을 줄일지는 아이 스스로 생각하게 합니다. 초등학생 정도라면 충분히 생각할 수 있습니다. 만약 아이가 "TV 보는 시간과 노는 시간을 1단위씩 줄일게"라고 말한다면, 이미 그 아이는 계획력을 갖추고 있다고 볼 수 있겠죠.

　　그럴 때는, "스스로 계획을 세우고 수정까지 했구나" 하며 칭찬해
주세요. 그러면 아이는 더욱 즐거운 마음으로 자신이 해야 할
일에 대해 계획을 세워나갈 겁니다. 당연히 그만큼 생각하는
힘도 자랄 테고요.

03

아이에게
선생 역할을 맡겨라

아는 것과 이해하는 것.

언뜻 보기에는 비슷한 것 같지만, 사실은 전혀 다릅니다. 예컨대 TV 요리 프로그램에서 딸기 쇼트케이크를 만드는 장면이 나온다고 합시다, '어? 저거 알아. 많이 먹었으니까!' 하며 쉽게 만들 수 있을 것 같죠. 그런데 막상 만들려고 하면 무엇부터 시작해야 할지 막막해집니다. '달걀 거품을 낸 다음에 설탕을 넣는 건가? 아니면 설탕을 넣은 다음에 달걀 거품을 내는

○ 5장
아이를 공부하게 만드는 엄마의 말

건가?' 혹은 '생크림을 적당한 묽기로 만들려면 얼마나 저어야 하지?' 등 실제 해보고 나서야 내가 모르고 있다는 사실을 깨닫게 될 때도 많습니다.

이를 한마디로 표현하자면, '아는 것'에 지나지 않은 상태죠. 즉, 아는 것은 어떤 것에 대해 보거나 들은 적이 있다는 뜻으로, 내 것으로 소화해서 이해하고 있는 것과는 다릅니다. 이러한 차이를 모르면 무언가에 대해 아무리 애써서 공부해도 내 것이 되지 않습니다.

이해의 지름길

아는 것과 이해하는 것의 차이를 공부에 대입해볼까요? 만약 교과서를 읽기만 했다면 '아는' 단계입니다. 하지만 그저 교과서를 읽고 나서는 '이해했다'고 착각할 때가 많습니다.

예를 들어, 삼각형의 넓이를 구할 때, '밑변×높이÷2'라는 공식만 외우고 나면, 이를 이해했다는 느낌이 듭니다. 하지만 이 상태에서 시험 문제로, '밑변이 5cm, 넓이가 10cm²인 삼각형의 높이는 몇 cm일까요?'라는 문제가 나오면 선뜻 풀지 못하죠. 아는 단계에서 이해하는 단계로 올라서지 못했기 때문입니다. 그렇다면 어떻게 해야 할까요?

아는 단계에서 이해하는 단계로 올라서려 할 때, 가장 효과 있는 방법은 문제를 자신의 입으로 직접 설명하는 것입니다.

완전히 이해해야만 머릿속에 있는 내용을 입 밖으로 꺼내 설명할 수 있기 때문입니다. 설명이라는 것이 자신이 이해한 수준에서 표현하고 말하는 것이기에, 이해가 부족하다면 횡설수설할 수밖에 없죠. 따라서 직접 설명하려고 하다 보면, 내용을 명확하게 이해할 수 있습니다.

암기 과목에서 발휘되는 힘

이러한 방법을 집에서 활용할 수 있을까요? 물론입니다. 아이에게 선생님 역할을 맡긴 다음, 엄마가 몸소 학생이 되어서 가르쳐달라고 하면 됩니다. 아이가 "삼각형 넓이를 구하는 공식은 '밑변×높이÷2'입니다"라고 설명하면, 학생 역할을 맡은 엄마가 이렇게 질문하는 겁니다.

"왜 밑변에 높이를 곱해야 하나요?"

만약 아이가 대답하지 못한다면, 공식만 외웠을 뿐 이해하지 못했다는 뜻입니다. 아이는 선생님 역할을 맡았기 때문에 학생의 질문에 대답하기 위해서라도 곱씹어 생각하거나 자료를 찾아볼 겁니다. **그렇게 더 깊이 이해하려고 노력하는 과정에서 생각하는 힘이 자랍니다.**

게다가 자신이 배운 내용을 말로 설명하면서 부모와 아이 간에 소통이 이루어지기 때문에 일석이조입니다. 이 방법은 수학뿐 아니라 모든 과목에도 적용할 수 있는데, 특히 사회나 역사 같은 암기 과목으로 분류되는 학습에 효과가 큽니다.

"아오모리 현의 특산품은 사과입니다"라고 아이가 설명하면, "왜 아오모리 현인가요? 가고시마 현에서는 사과가 자라지 않나요?"라고 질문해보세요. 그저 암기 과목에 불과했던 사회가, 곰곰이 생각해야 하는 과목이 될 겁니다. 당연히 생각하는 힘도 더 자라나겠죠.

04

때로는
실패도 사서 하라

자녀가 문제를 푸는 모습을 옆에서 지켜보는데, 아이가 틀린 대답을 적는다면 어떻게 하시겠어요? 앞서 말했듯, 그럴 때 바로 지적하는 건 좋은 자세가 아닙니다. 그런데 아이가 실수하는 것이 빤히 보이는 상황에서 지적하지 않고 기다리기만 하는 것도 부모 입장에서 괴로운 일인 건 분명합니다.

저희 첫째 아이가 초등학교 2학년일 때, 한번은 이런 일이 있었습니다. 받아올림을 해야 하는 덧셈을 배우고 있었는데,

○ 5장
아이를 공부하게 만드는 엄마의 말

계산 문제가 숙제로 나왔죠. 연필로 숫자를 써가며 계산해야 하는 덧셈 문제가 한 페이지에 10문제 정도 있었습니다. 원래 덧셈을 할 때는 일 단위를 먼저 계산하고, 받아올림이 있으면 십 단위 숫자 위에 '1'이라고 메모하는 것이 원칙이죠. 하지만 그때까지 받아올림이 없는 덧셈만 배운 첫째 아이는 '1'이라는 메모를 하지 않았습니다. 그렇게 하다 보니 1번 문제부터 답이 틀리고 말았죠.

옆에서 지켜보던 저는 그 사실을 알아챘지만, 일부러 말하지 않았습니다. 아이는 2번 문제도 3번 문제도, 받아올림을 하지 않고 계산했습니다. 한 페이지를 모두 풀고 나서 정답을 맞춰보니, 당연히 모두 틀릴 수밖에요. 아이는 그제야 받아올림의 원리를 이해한 듯, 울면서 문제를 다시 풀었습니다.

1번 문제에서 틀렸다는 사실을 알아챈 제가 즉시 아이의 실수가 무엇인지 알려줬다면, 문제를 모두 틀리는 일은 없었을 겁니다. 아이가 울면서 처음부터 전체 문제를 다시 풀 필요도 없었을 테고요. 그럼 제가 잘못한 것일까요?

실패에서 배우는 아이들

제 방법이 옳았습니다. 그 후로 첫째 아이가 받아올림이나 받아내림 때문에 계산 문제를 틀리는 일은 생기지 않았으니까 요. 당시 아이 입장에서 큰 실패를 겪은 뒤로, 아이가 받아올림 과 받아내림의 원리를 이해했기 때문이죠.

둘째 아이가 받아올림이 있는 계산을 배울 때는 또 달랐습 니다. 둘째는 그 문제가 받아올림에 관한 문제임을 알고 있었 기에, 문제를 풀기도 전에 모든 문제의 십 단위 위에 '1'이라고 적었습니다. 하지만 그 페이지에는 받아올림이 있는 문제와 없 는 문제가 섞여 있었죠. 그러니 맞힌 문제도 있고, 틀린 문제도 있을 수밖에요.

저는 그때도 둘째 아이 곁에서 그 모습을 지켜보고 있었기 에 아이가 모든 문제에 '1'을 적는 순간부터 틀린 문제가 나올 거라는 걸 알고 있었습니다. **그러나 지적하지 않았습니다.**

아니나 다를까 아이는 문제를 절반 가까이 틀리게 되자, 깊 이 생각하지 않고 편하게 문제를 해결하려고만 하면, 오히려 먼 길을 돌아가게 된다는 사실을 깨우치게 되었죠. 하지만 그 이후의 행동은 정말 예상 밖이었습니다.

그 후로도 둘째 아이는 문제를 꼼꼼히 들여다보지 않고, 처음 일 단위만 계산해서 받아올림이 있는 문제에는 미리 십 단위에 '1'이라고 쓰곤 했습니다. 그러는 편이 더 효율적이라고 판단한 겁니다. 보통 성인의 상식을 갖고 있는 저로서는 도저히 이해가 가지 않았죠. 하지만 그것이 둘째가 스스로 생각해낸 방식이라는 점에서 존중했습니다.

둘째 아이가 대학생이 된 지금도 그때와 똑같은 방식으로 계산을 하는지는 잘 모르겠습니다. 하지만 이야기를 나누다 보면, 둘째 아이의 머릿속에는 '효율을 추구하는 사고방식'이 자리 잡고 있구나 하고 느낄 때가 있습니다. 그때 틀에 박힌 방식을 강요하지 않고, 아이 스스로가 생각해낸 방식을 존중해주길 잘했다는 생각이 듭니다.

저희 첫째와 둘째 아이 이야기를 들으며 어떤 생각을 하셨나요? 아이는 실패를 함으로써 여러 생각을 하게 되고, 그 결과 생각하는 힘과 공부력이 쑥쑥 자라납니다. 저희 첫째 아이는 실패를 통해 받아올림과 받아내림의 원리를 깨우쳤습니다. 그리고 둘째 아이는 효율적인 공부법을 스스로 생각해냈죠.

둘 다 실패해보지 않았다면 깨우치지 못했을 겁니다. 부모로서 아이가 실패하는 모습을 가만히 지켜보는 일이 힘든 것은 사실이지만, 그것이 결과적으로 아이에게 유익이 될 때가 많습니다. 부모라면, 아이가 실패하는 모습을 묵묵히 지켜볼 수 있는 마음 훈련을 해야 합니다.

○5장
아이를 공부하게 만드는 엄마의 말

05

자문자답의
놀라운 힘

　앞에서 자녀에게 선생님 역할을 맡기면 아이의 이해력이
더욱 깊어진다고 이야기했습니다. 이번에는 그보다 한 발 더
나아갈 수 있는 방법을 알려드리려고 합니다.

　바로, 자문자답하는 습관입니다. 스스로 질문하고 스스로
한 질문에 대답하다 보면, 생각하는 힘이 눈에 띄게 쑥쑥 자라
나기 때문이죠.

점에서 선으로, 선에서 면으로

암기해야 할 것이 많은 과학 교과를 사례로 들어볼까요? 물고기는 알에서 태어납니다. 개구리와 뱀, 새도 알에서 태어나죠. 하지만 알의 크기나 단단한 정도는 모두 다릅니다. 물고기의 알은 두꺼운 껍질 없이 얇은 막으로만 싸여 있지만, 새의 알은 비교적 단단한 껍질로 둘러싸여 있죠. 물고기 한 마리는 수천, 수만 개의 알을 낳지만, 새는 단 몇 개의 알만 낳고요. 여러분은 이 같은 차이에 대해 생각해본 적이 있나요?

'물고기는 껍질이 없는 알을 낳지만, 새는 딱딱한 껍질로 둘러싸인 알을 낳는다.'
'물고기의 알은 수천 개지만, 새의 알은 몇 개에 불과하다.'

이렇게 외운 정보는 어설픈 지식에 지나지 않습니다. 그런데 이때 아이가 이렇게 자문자답을 한다면 어떨까요?

'왜 물고기의 알에는 껍질이 없는데, 새의 알에는 딱딱한 껍질이 있는 걸까?'

'왜 동물에 따라 한 번에 낳는 알의 개수가 다를까?'

스스로 이유를 파고들면 단순한 점에 불과했던 지식이 선이 되고, 그 선이 이어져 면이 됩니다. 그러는 과정에서 보다 생각을 깊게 하게 되므로, 그만큼 생각하는 힘이 자라나죠.

'왜?'를 다섯 번 반복하라

그럼 어떻게 해야 아이가 자문자답하는 습관을 갖게 될까요? 그렇게 되기까지는 엄마의 도움이 필요합니다. 하나도 어렵지 않으니까 너무 걱정하지 않아도 됩니다. 아이가 익숙해질 때까지 조금만 거들어주면 되니까요.

일상생활 속에서 어떤 의문이 생겼을 때, 아이에게 여러 차례 "왜?"라고 물어보기만 하면 됩니다.

"엄마, 오늘은 수업이 늦게 끝났어."
"왜?"
"겨울에는 수업이 5시에 끝나는데, 여름엔 6시에 끝

나거든."

"왜?"

"여름엔 해가 기니까."

"왜?"

"일본이 북반구에 속하니까."

"왜 북반구에 속하면 여름에 해가 길어져?"

"지구가 기울어져 있으니 겨울과 여름에 태양빛이 닿는 각도가 다르거든."

"지구는 왜 기울어져 있는데?"

"그건 말이야……(이하 생략)."

이렇게 아이가 꺼낸 말에 엄마가 "왜?"라는 질문을 거듭해 가는 방식입니다. 계속 하다 보면 결국 아이의 말문이 막힐 수도 있는데, 그럴 때는 아이가 책이나 도감을 다시 찾아보며 해답을 찾으려고 할 겁니다.

물론 몇 번 질문해야 하는지, 횟수가 정해져 있는 건 아닙니다. 다만 한두 번 묻는 것에 그치면 굳이 아이가 깊이 생각하지 않고도 대답할 수 있는 것이기에, 자문자답하는 습관을 기를 기회가 사라집니다. 저의 경험에 따르면, 다섯 번이 가장 적

○5장
아이를 공부하게 만드는 엄마의 말

당한 것 같습니다.

어찌 됐든 아이와 함께 이 사례와 같이 계속 질문하고 대답하는 방식으로 이야기를 주고받다 보면, 어느 순간 자문자답하는 습관이 아이의 몸에 배게 됩니다. **자문자답하는 습관이 생기면, 공부를 하면서도 '왜 이렇게 되지?' 하며 자연스럽게 더욱 깊이 생각하게 되고요.** 단순히 문제를 해석하고 답을 찾는 데서 그치는 것이 아니라, 그 문제가 무엇을 요구하는지, 그 답이 무엇을 의미하는지를 깊이 파고들게 되는 겁니다. 그러고 나면 성취감도 느낄 수 있죠.

이처럼 초등학생 때부터 '생각하고 이해하는' 과정을 거치며 성취감을 맛보는 습관이 생긴다면, 아이가 자라면서도 언제든 꺼내들 수 있는 강력한 무기가 될 겁니다. 중학생, 고등학생이 돼서도 생각하고 이해하는 자세를 고수할 테니까요. 여러분의 자녀에게도 생각하고 이해한 뒤 얻는 기쁨과 성취감을 맛보게 해주고 싶지 않나요?

06

엄마에게
진짜 필요한 것

이번 장에서는 자녀가 공부를 하며 생각하는 힘을 기를 수 있는 방법을 살펴봤습니다. 그 방법들에는 공통점이 있습니다. 아이에게 무언가를 시키기보다, 부모가 이끌어주는 자세를 갖춰야 한다는 것이죠. 이때 가장 중요하면서도 지키기 어려운 것이 '인내'입니다.

아이가 한자 시험에서 '전지'라는 글자의 '지' 자를 연못 지 池가 아니라, 땅 지 地로 썼다고 가정해봅시다. 저는 초등학교 시절 이 한자를 배울 때, 선생님이 "전지는 전기電가 고여 있는 연못池이에요"라고 말씀해주신 뒤로 '지' 자를 헷갈려본 적이 없습니다. 그런데 아이는 그렇게 배운 적도, 생각해본 적도 없는 탓에 그 자리에 땅 '지' 자를 넣은 겁니다. 숙제로 나온 연습 문제였다면 모르겠지만, 시험에서 틀렸으니 부모 입장에서는 속상할 겁니다.

어디까지 참아낼 수 있는가?

"흙토변이 아니라 삼수변! 어떻게 그런 것도 몰라?"

화가 나서 아이에게 이렇게 소리를 지르고 싶을지도 모릅니다. 하지만 그렇게 엄마가 버럭 소리를 질러버리고 끝내면 어떻게 될까요? 아이는 그저 공포를 느낄 뿐, 앞으로도 그 한자의 뜻을 제대로 이해할 수 없겠죠. 답답한 마음은 이해하지만, 그런 순간일수록 참아야 합니다.

치밀어 오르는 화를 꾹 누르면서, 그렇게 답을 한 이유를 물어보세요.

"왜 그 자리에 흙토변을 썼는지 엄마한테 가르쳐줄래?"

아이에게 생각할 기회를 주는 겁니다.

"전지는 쇳덩이처럼 생겼으니까, 삼수변이 붙는 게 이상해 보여서……." 만약 아이가 이렇게 대답한다면, 질문을 하나 더 보태보세요. "그럼 왜 물을 의미하는 삼수변이 붙는 걸까?" 이 질문을 받은 아이가 생각에 잠기는 순간이 가장 중요합니다. 엄마 입장에서는, "연못에 물이 고이듯, 전지에 전기가 모여 있기 때문이야!"라고 얼른 말해주고 싶을 겁니다 하지만 그렇게 해버리면 아이가 스스로 생각할 기회가 사라집니다. 이때 기억하세요.

쉽게 답을 가르쳐주지 말고, 아이가 생각하게 두세요.

그렇게 했음에도 아이가 쉽게 대답하지 못한다면 이때는 앞에서 말한 것처럼 '절묘한 힌트'를 내주는 겁니다. 그러면 아이도 얼마 지나지 않아 스스로 답을 찾아낼 겁니다. 그저 부모가 친절하게 답을 알려줄 때보다 훨씬 많이 생각하게 되고, 이에 따라 이해도 깊어지겠죠.

괜찮아, 언젠가는 이해할 거야!

아이가 생각하는 힘을 기르는 데 부모의 인내가 얼마나 중요한지 잘 아시겠죠? 하지만 사람의 인내심이 하루아침에 강해질 리는 없죠. 저도 아이들을 기르면서 하루가 멀다고 저의 인내심과 힘겨루기를 해야 했으니까요. 무심결에 정답이 튀어나오려고 해서 꾹 눌러 삼킨 적이 한두 번이 아니었습니다.

아이들이 초등학생이던 어느 여름날, 함께 드라이브를 간 적이 있습니다. 먹다 남은 음료수를 차에 두고 내렸는데, 돌아와 보니 페트병이 잔뜩 부풀어 있었죠. 아이들이 "왜 부풀었지?"라고 묻기에, "글쎄, 왜 부풀었을까?" 하면서 당시에는 그냥 얼버무리며 넘겼습니다. 답을 알고 있었지만 일부러 가르쳐주지 않았던 거죠. 아이들은 서로 여러 의견을 내며 계속 생각을 짜내더니, "차 안이 더워서 공기가 팽창한 거 아닐까?"라는 결론에 도달했습니다. 이에 저는, "그래, 그렇게 생각했구나" 하며 아이들을 칭찬해줬죠.

또 다른 날에는, 제가 스펀지케이크를 만들기 위해 준비하고 있는데 아이들이 모여들었습니다. 달걀흰자 거품을 낸 다음, 설탕과 밀가루를 넣고 반죽을 하는 모습을 지켜보던 첫째 아이가 "왜 달걀 거품을 내는 거야?"라고 물었죠. 그때 역시 저는 "글쎄, 왜 그럴까?" 하며 얼버무렸습니다. 그렇게 만든 반죽을 오븐에 넣고 구우니, 케이크가 부풀어 오르는 모습이 생생하게 보였습니다. 오븐을 들여다보던 아이들은, "오오, 부푼다! 부푼다!" 하면서 팔짝팔짝 뛰었죠.

그러던 중 둘째 아이가, "거품 속에 든 공기가 열을 받아서 팽창하니까 케이크도 부풀어 오르는 거구나" 하고 알아챘습니다. 며칠 전 차 안에서 본 페트병과 오븐 속에서 부풀어 오르는 케이크가 하나로 이어진 것이죠. "온도가 올라가면 공기가 팽창하기 때문이야"라고 제가 그날 바로 알려줬더라면, 페트병과 케이크를 연결 지어서 생각하게 되었을까요? 제가 아는 모든 지식을 빨리 가르쳐주고 싶은 마음을 꾹 참은 덕분에, 아이들이 깊이 생각할 수 있었던 겁니다.

세 아이를 키우면서, 때로는 아이들과 의견이 맞물리지 않거나 결론이 나오지 않을 때도 있었습니다. 그때마다 저는 마음속으로 다음처럼 되뇌며 스스로를 다독였습니다.

○5장
아이를 공부하게 만드는 엄마의 말

'아이들이 지금은 몰라도 언젠가는 이해하는 때가 올 거야!'

이미 많은 것을 배우고 경험해서 알게 된 입장에서, 아는 것을 바로 알려주지 않고 모르는 척 기다리며 참아주는 게 쉬운 일은 아닙니다. 하지만 지금 잘 성장한 아이들을 보면 제가 실천했던 것들이 틀리지 않았다고 확신합니다. 여러분도 꼭 참을성 있는 엄마가 되시길 바랍니다.

자, 이제 마지막 장만 남았습니다. 다음 장에서는 일상생활에서 아이가 생각하는 힘을 기를 수 있는 방법을 살펴보겠습니다. 생각하는 힘은 공부할 때는 물론이요, 평소 생활하면서도 길러야 비로소 견고해집니다. 양쪽 바퀴 모두가 있어야 수레가 잘 굴러가는 것처럼 말이죠. 이를 염두에 두고 꼼꼼히 읽어주세요.

아이를 공부하게 만드는
엄마의 말하기 연습

◇ "오늘은 어떤 공부를 했니?"

◇ "많이 어려웠구나."

◇ "스스로 계획을 세우고 수정까지 했구나."

◇ "왜 밑변에 높이를 곱해야 하나요?"

◇ "왜 아오모리 현인가요? 가고시마 현에서는 사과가 자라지 않나요?"

◇ "왜? 왜? 왜 그럴지? 왜 북반구에 속하면 여름에 해가 길어져?
   지구는 왜 기울어져 있는데?"

◇ "왜 그 자리에 흙토변을 썼는지 엄마한테 가르쳐줄래?"

◇ "글쎄, 왜 부풀었을까?"

◇ "그래, 그렇게 생각했구나."

6장

아이를
성장시키는 엄마의 말

01

습관으로
완성되는 공부력

세 아이를 키운 노하우를 공유하는 즐거움으로 열심히 달려왔더니, 어느덧 마지막 장에 이르렀네요. 이번 장에서는 일상생활에서 우리 자녀들에게 생각하는 힘을 길러주려면 어떻게 해야 하는지 알려드리고자 합니다.

아이가 초등학생이 되면 "이제 심부름이나 다른 자잘한 일은 하지 않아도 되니, 공부나 하렴!" 하면서 아이를 공부에 전념하게 만드는 부모들이 생겨납니다. 꼭 공부가 아니어도 좋으니 뭐든 하나에 집중하라며 자녀에게 예체능을 가르치는 데 열을 올리는 부모도 있죠.

어느 쪽을 선택하든 아이를 가장 잘 아는 부모가 고심해서 세운 방침일 테니 나쁘지 않다고 생각합니다. 다만 공부든 예체능이든 그 분야에서 대성하려면, 결국 아이에게 생각하는 힘이 있어야만 합니다.

성공의 필수 요인

앞장에서는 아이가 공부를 하면서 생각하는 힘을 기를 수 있도록 엄마가 도울 수 있는 여러 가지 방법을 소개했습니다. 일상생활 속에서도 생각하는 힘을 기르는 방법은 얼마든지 있습니다.

아무 생각 없이 하루하루를 보내는 삶과 생각하는 힘을 기르기 위해 의식적으로 노력하는 삶에는 결과에서 큰 차이가 벌어집니다. 특히나 아이들은 현재 자신이 처한 환경에서 중요한 요소들을 스펀지처럼 흡수합니다. 그렇다 보니, 하루를 되는대로 보내는 아이와 분명한 목적의식을 가지고 보내는 아이의 10년 후의 삶은 달라질 수밖에 없지요.

지금부터 일상생활에서 생각하는 힘을 기르는 데 도움이 되는 사소한 말과 습관을 살펴보겠습니다. 아무리 작은 것이라도 좋으니 기억에 남는 방법이 있으면 실천해보기 바랍니다.

심부름이
일이 된다면

자녀가 어느 정도 성장해 어른의 도움 없이도 혼자서 무언가를 할 줄 아는 나이가 되면, 부모들이 아이에게 심부름을 시키곤 합니다.

부모가 아무리 단순한 심부름을 시켜도, 이를 실행하려면 어떤 일부터 해야 하는지, 자신이 가진 능력을 어떻게 활용할 수 있는지 등 아이 스스로 생각해야 할 부분이 생깁니다. 심부름도 아이의 생각하는 힘을 기를 수 있는 좋은 기회인 것이죠.

그러니 자녀에게 심부름을 시키지 않을 이유가 없습니다. 다만 아이에게 심부름을 시킬 때는 반드시 기억해야 할 것이 있습니다. **바로 심부름을 '일'로 격상시키는 겁니다.**

심부름과 일의 차이

심부름과 일은 어떤 것을 하느냐 하는 점에서는 동일하지만, 그 마음가짐에서 세 가지 차이가 있습니다.

첫째, 심부름은 '봉사'입니다. 그러니 부모가 시킨 심부름을 할지 말지 결정할 권리는 아이에게 있습니다. 그래서 아이가 "지금 공부하는 중이라 심부름할 수 없어요"라고 말하면, 억지로 시키기가 어렵죠. 무엇보다 봉사라는 것이 원래 마음과 시간에 여유가 있을 때 하는 것이기도 하고요.

아직 유치원에도 들어가지 않은 영아라면 몰라도, 아이가 초등학생 정도가 되면 학교 숙제도 해야 하고, 학원도 가야 하고, 친구들과 놀기도 해야 하니 종일 바쁩니다. 그렇게 되면 엄마 심부름은 뒷전으로 밀려나 잘 해주지 않는 시기가 찾아올

수도 있죠.

하지만 일은 다릅니다. 일은 '의무'입니다. 의무라는 것은
자신의 형편이나 사정과 상관없이 꼭 해야만 하는 것이죠. 따
라서 밥 먹기 전에 식탁을 닦고 수저를 놓는 것을 엄마의 심부
름이 아닌 일로 정해두면, 아이가 지금 공부를 하는 중이어도
반드시 해야 하는 의무가 됩니다. 아이가 그 일을 하지 않으면
가족들이 식사를 하지 못할 테니까요.

둘째, 심부름과 일은 아이가 느끼는 책임감에서 차이가 납
니다. 아이의 입장에서 부모가 시킨 심부름은 한마디로, '해주
는' 느낌입니다. 할지 말지 선택할 권리가 아이에게 있기 때문
에, 이를 하지 않는다 해도 별로 책임감을 느끼지 않습니다. 그
러나 일은 의무라는 느낌이 강하기 때문에, 이에 대한 책임감
도 반드시 수반됩니다. 바빠서 못 했다는 핑계로 무마할 수 있
는 성격이 아닌 겁니다.

셋째, 심부름은 수동적이고, 일은 능동적입니다. 부모의 심
부름은 아무 생각 없이 수동적인 자세로 시키는 대로 하면 되
지만, 일은 스스로 생각해서 능동적으로 해야 하죠. 다른 것보

다 이 세 번째 차이가 아이가 생각하는 힘을 기르는 데 가장 큰 영향을 미칩니다.

우선 심부름을 살펴봅시다. 엄마가 아이에게 달걀과 우유, 화장지 관리를 부탁했다고 가정해볼게요. 심부름일 경우, 엄마가 "달걀이 다 떨어졌으니 사올래?"라고 말하지 않는 한 아이는 제 발로 사러 가지 않을 겁니다. 하지만 이를 일로 맡길 경우, 아이는 재고가 얼마나 남았는지 날마다 확인해야 하고, 이를 언제 사러 나가야 장을 보는 횟수를 최대한 줄일 수 있는지 등을 고민하게 됩니다. 전단지를 보면서 '가격이 저렴할 때 한꺼번에 사둘까? 하고 생각할 수도 있겠죠.

이처럼 심부름을 일로 격상시키면, 아이가 늘 머리를 쓰게 됩니다. '우리 아이한테는 아직 벅찬 일이야'라고 생각하지 말고, '우리 아이는 어디까지 할 수 있을까?' 기대하는 마음을 가지세요. 그리고 일단, 일을 맡겨보는 겁니다.

한 번에
여러 일을 시켜라

한 가지 일에 집중해 꼼꼼하게 해내는 자세는 정말 중요합니다. 하지만 요즘 같은 시대에는 동시에 여러 가지 일을 하는, 즉 멀티태스킹multitasking 능력이 요구되고 있지요.

과거의 몇 배, 아니 몇십 배나 많은 정보가 넘쳐나는 시대이기에 그 속에서 나에게 필요한 정보를 쏙쏙 골라내는 것은 물론, 다양한 일을 통제하고 처리할 줄도 알아야 하는 것이죠.

물론 자녀에게 어떤 일을 확실히 마무리 짓게 하려면, 일을 한 가지씩 시키는 편이 좋습니다. 여러 가지를 한꺼번에 시키면 머릿속이 혼란스러워서 어떻게 해야 할지 선뜻 결정하기 힘들 테니까요. 그런데 여기서 반드시 짚고 넘어가야 할 것이 있습니다. 바로 그러한 생각이야말로 멀티태스킹 능력이 요구되는 시대에, 백해무익한 고정관념이라는 겁니다.

인간은 환경에 적응하게 마련입니다. 따라서 이 시대 상황에 익숙해지면 아이 스스로 우선순위를 결정하게 됩니다. **아이는 부모의 선입견과 우려를 뛰어넘어 성장해갑니다.** 기억해야 할 것은 일의 우선순위를 결정하는 능력은 나이와 관련이 없다는 겁니다. 처음에는 어렵게 느껴져도 하다 보면 점점 늘게 되죠. 설령 유치원생이라 해도 말입니다. 그러니 '처음에 어려워하는' 단계에서 부모가 먼저 포기하지 않길 바랍니다.

화내지 않기, 비난하지 않기, 포기하지 않기

변화되는 시대 상황에 맞춰, 저 역시 아이들에게 한꺼번에 여러 가지 심부름을 시키곤 했습니다.

"방에 전구가 나갔던데 갈아줄래? 탁자도 흔들거리니까 나사 조여주고. 선반 위에 올려 둔 물건 좀 갖다 줘."

저는 집안일 중 평소에 자신이 어떤 일을 담당해야 하는지는 미리 정해서 각자에게 일러주었습니다. 하지만 나머지는 그때그때 일이 생길 때마다 세 가지 정도의 일을 한꺼번에 시킨 것이죠. 그렇게 하면 심부름을 부탁받은 아이가 그 세 가지 일을 머릿속에서 분류합니다.

A - 사다리가 필요한 일
B - 공구 상자에서 필요한 공구를 꺼내는 일

우선 이렇게 분류하고 나면, 다음 순서에 맞춰 일을 하게 됩니다.

① 공구 상자에서 드라이버와 새 전구를 꺼낸다.
② 창고에서 사다리를 꺼낸다.
③ 사다리를 이용해 전구를 교체한다.
④ 같은 사다리를 이용해 선반 위의 물건을 내린다.
⑤ 드라이버로 탁자의 나사를 조인다.

이렇게 아이는 세 가지 일을 동시에 진행할 수 있습니다. 아이도 이렇게 일하는 방식이 더 효율적이라는 걸 몸소 느끼게 되겠죠.

물론 여러 일을 한꺼번에 하다 보면, 모두 해내지 못하거나 오히려 효율이 떨어질 때도 있습니다. 하지만 여러 일을 어떤 순서로 풀어나갈지 고민하는 과정에서 생각하는 힘이 자란다는 걸 잊지 마세요. 그러니 한창 성장하고 있는 아이에게는 여러 과제를 한꺼번에 주는 편이 좋습니다. 다만, 명심해야 할 것이 있습니다.

아이가 실수하거나 실패하더라도 절대 화를 내지 않는 것.

"그것 봐!"
"그러니까 엄마가 말했잖아?"
"엄마 말 좀 들어라!"

이렇게 말하는 대신, 다음처럼 말해보면 어떨까요?

"다음엔 더 잘할 거야!"

이 같은 말에서는 아이의 미래를 믿고 계속 격려하고 싶어하는 부모의 마음이 느껴집니다. 아직 너무 어리고 미숙해서 한 가지 일이나 제대로 할 수 있을까 싶던 아이라도, 익숙해지기만 하면 여러 일을 한꺼번에 맡겨도 효율적으로 잘 해냅니다. 그러니 절대 포기하지 마세요.

순서 정하기 능력이야말로
평생 자산

여러 일을 한꺼번에 시키는 건 순서를 정하는 능력을 기르는 데 무척 좋은 방법입니다. 해야 할 일의 순서를 정하는 능력이야말로 인간이 살아가는 데 꼭 필요한 것이기 때문이죠. 저는 이 능력이 학교뿐 아니라 사회에서도, 일을 잘 하는 사람과 못 하는 사람을 가르는 기준이 된다고 생각합니다.

어릴 시절부터 사회에 진출하기 전까지 순서를 정하는 능력을 쌓고 단련한다면, 무슨 일을 하든 효율성을 극대화할 수 있습니다. 여러 일을 동시에 시키는 일 외에도 순서 정하기 능력을 기르는 데 효과적인 방법이 또 있습니다.

믿음엔 용기가 필요하다

제가 다음으로 추천하는 방법은, **믿음을 가지고 아이에게 맡기는 것입니다.** 이 말이 멋지게 들릴 수는 있지만, 부모가 전적으로 아이를 신뢰하며 맡긴다는 것은 결코 쉬운 일이 아닙니다.

"오늘 가족들이 입은 옷 전부를 빨아주렴" 하며 아이에게 세탁을 맡기고 외출할 자신이 있나요? '색깔이 있는 옷과 흰 옷을 함께 빨아버리면 어쩌지?', '세탁된 빨래를 건조대에 구겨진 채로 널어놓는 거 아니야?' 하며 안절부절못하는 엄마가 대부분일 겁니다.

그처럼 우려하는 건 사랑하는 아이가 실패하거나 좌절하는 모습을 보고 싶지 않기 때문입니다. 그래서 부모는 자신도 모르는 사이 손을 내밀고 말죠. 기억해야 할 것은 아이는 부모의 생각보다 훨씬 뛰어난 능력을 가지고 있다는 겁니다. 다만 부모가 시키지 않기에 드러낼 기회가 없는 것이죠.

그래서 저는 아이들이 어릴 때부터 집안일, 특히 순서 정하기 능력을 키울 수 있는 요리를 하게 했습니다. 그저 믿고 맡긴겁니다. 부모가 전혀 도와주지 않으면서 아이에게 부엌칼이나 불을 쓰게 하려면, 용기가 필요합니다. 아이가 손가락을 베거나 화상을 입을 수 있다는 위험도 무릅써야 하니까요.

하지만 이러한 이유로 아이에게 아무것도 시키지 않는다면, 세월이 흘러 자녀가 성인이 돼도 스스로 순서를 정해서 요리를 할 수 없게 됩니다.

저 역시 아이를 믿고 요리를 맡긴 뒤에도 조마조마한 심정으로 아이들의 모습을 지켜보며, '지금 여기서 무너지면 안 돼'하며 도와주고 싶은 마음을 억누르곤 했습니다. 덕분에 아이들은 생각하는 힘을 기르고, 일의 순서를 정하며 성장해갔습니다.

막상 맡겨보니, 아이들은 저의 기대 이상으로 잘 해냈습니다. 여러분도 오늘부터 용기를 가지고 아이를 믿으며, 무엇이든 맡기시기 바랍니다.

순서 정하기와 시험

순서를 정하는 능력은 학교 공부나 입시 준비에도 큰 힘을 발휘합니다. 앞에서도 잠시 언급했듯이 공부든 일이든 효율적으로 해야 더 나은 결과를 얻을 수 있습니다.

순서를 정하는 능력을 갖춘 아이는 시험을 볼 때도 무조건 1번 문제부터 차례차례 풀어나가는 방식을 고집하지 않습니다. 어떤 문제에 얼마의 시간을 들일지 생각한 다음, 쉽게 풀 수 있는 문제부터 풀거나 처음부터 포기할 문제를 결정합니다. 이 같은 결단이 결국 높은 점수를 이끌어내죠. **결단을 내릴 수 있느냐 없느냐도 순서를 정하는 능력에 달려 있습니다.**

요리를 비롯한 여러 집안일이야말로 순서를 정하는 능력을 단련하는 데 아주 좋은 훈련 방법입니다. 효율적으로 순서를 정해서 집안일을 해내는 아이는, 공부를 할 때도 그 능력을 충분히 발휘합니다.

생각한 뒤 뛸 것인가,
뛰면서 생각할 것인가

지금까지 꼼꼼히 책을 읽어온 엄마라면, 어서 빨리 아이에게 생각하는 힘을 길러줘야겠다는 생각을 하게 되었을 겁니다. 하지만 이 마음이 너무 강해지면 아이에게 잔소리를 하게 될 가능성이 큽니다. "잘 생각해봐", "신중하게 생각해야지!" 하면서 자꾸 아이를 닦달하게 되는 것이죠.

흔히들 '생각한다'라고 하면, 시간을 들여서 고심하는 사람의 모습을 떠올리곤 합니다. 곰곰이 그리고 충분한 시간을 들여 생각하는 자세는 중요합니다. 하지만 요즘 같은 시대엔 생각의 속도 또한 중요한 게 사실이죠. 때로는 '순식간에, 빨리' 생각해야 하는 일도 많습니다. **따라서 곰곰이 생각하는 힘과 빨리 생각하는 힘 모두 갖출 필요가 있습니다.**

나아가, 지금 해결해야 할 것이 곰곰이 생각해야 하는 문제인지, 빨리 생각해야 하는 상황인지를 판단하는 능력 또한 필요합니다.

생각의 속도

아이들이 어렸을 때 가족 여행을 갔다가 이런 일이 있었습니다. 한 역에서 전철을 갈아타야 했는데 제가 플랫폼을 착각하고 만 것이죠. 서둘러서 원래 갈아타야 할 플랫폼으로 달려갔지만 전철은 이미 출발한 후였어요. 저희 가족은 우두커니 서서 떠나는 전철을 바라볼 수밖에 없었지요. 그때 초등학생이던 첫째 아들 녀석이 개찰구 쪽으로 뛰어갔습니다. 노선도와 시간표를 살펴보고 온 아이는 이렇게 말했죠.

"엄마, 아빠! ○○ 선 타고 △△ 역에 가서 갈아타면 시간에 맞춰서 도착할 수 있어요. 그 전철도 금방 출발하니까 서둘러요!"

아이는 짐을 들고 다른 플랫폼을 향해 달리기 시작하더군요. 저도 막내딸을 안고 열심히 계단을 올라가 출발하려던 전철에 겨우 올라탈 수 있었습니다. 만약 첫째 아이까지 망연자실한 표정으로 놓친 전철만 보며 이제 어떻게 해야 할지를 천천히 생각하기만 했다면, 그 전철도 놓치고 말았을 겁니다. 하지만 아이는 재빠르게 개찰구에서 시간표를 확인하고 목적지까지 가는 다른 경로를 순식간에 파악한 뒤, 해당 전철의 출발 시간과 플랫폼을 확인했습니다. 아이 덕분에 예정 시간에 맞춰 목적지에 도착할 수 있었죠.

자녀에게 신속하게 생각하는 힘을 길러주려면, 평소에 이런 말을 건네는 것이 좋습니다.

"빨리 결정해볼까?"
"틀려도 괜찮아. 다시 하면 되니까."
"그 정보들을 종합해서 너 스스로 판단을 내려보렴."

우리 자녀들이 성인이 된 시대에는, '정확한 답을 빨리 도출하는 능력'이 지금보다 더욱 중요해질 겁니다. 그러한 시대를 살아갈 아이를 위해서 신속하게 생각하는 능력을 길러줄 필요가 있습니다. 이 역시 엄마가 평소에 어떻게 말해주느냐에 영향을 받습니다.

　다만, 빨리 내린 결론에는 실패가 따를 수 있다는 것도 기억하세요. 그럴 때 "그럴 줄 알았어", "신중하게 생각하지 않아서 망친 거잖아" 하면서 아이를 혼내면, 앞으로 신속하게 생각하고 빨리 결정을 내리는 것을 주저하게 됩니다. 설사 실패를 하게 되더라도 빨리 생각하고 과감하게 결정내린 태도는 인정해주세요. 실패를 해도 혼나지 않는 환경에서 자라야만 아이가 더 좋은 방향으로 성장할 수 있습니다.

06

부모의 마음가짐

이번 장에서는 일상생활에서 생각하는 힘을 길러 아이를 크게 성장시킬 수 있는 방법에 대해 살펴보았습니다. 다만 이 방법들을 실천하기 전 여러분에게 꼭 당부하고 싶은 말이 있습니다.

아이를 성인으로 대하세요.

바로 이것이 지금까지 제가 알려드린 모든 방법이 아이의 생각하는 힘을 키우는 데 제대로 효과를 발휘할 것인지, 아니면 무용지물이 될 것인지를 결정할 만큼 중요한 겁니다.

부모들은 종종 '우리 아이는 아직 초등학생이니까', '지금은 너무 어리니까' 하면서, 어떻게든 자기 자식을 아이 취급하려고 합니다. **부모는 오늘 우리 아이가 어제와 똑같다고 착각하지만, 아이들은 날마다 성장합니다.** 그러니 오늘의 아이는 어제의 아이와 다릅니다.

아이는 부모의 생각보다 빨리 자란다

자녀가 초등학생 정도가 되면 자존감이 생깁니다. 그런데 이때도 부모가 계속해서 아이 취급을 하면, 그 자존감에 생채기가 납니다.

저의 막내딸 이야기를 잠깐 하겠습니다. 딸애가 초등학교 시절에 입던 교복에는 모자가 딸려 있었습니다. 저는 그 모자를 항상 현관에 있는 모자걸이에 걸어두곤 했죠. 딸애가 초등학교에 갓 입학했을 무렵에는 아이의 손이 모자걸이까지 닿지 않았기 때문에, 엄마인 제가 대신 모자를 걸어주었습니다.

그런데 딸이 몇 학년 때였을까요? 여름방학이 끝나고 2학기가 되어 첫 등교하던 날, 저는 평소처럼 모자걸이에 걸린 모자를 집어서 아이에게 건네주려고 했어요. 그런데 딸애가 조금 화가 난 듯한 목소리로 말하더군요.

"엄마, 이제 나도 손이 닿으니까 아이 취급 그만해!"

방학 동안 키가 훌쩍 자란 덕분에 아이의 손이 모자걸이까지 닿게 된 겁니다. 자세히 보니, 모자에 달려 있던 고무줄도 어느새 새 것으로 바뀌어 있었습니다. 고무줄이 자꾸 늘어나곤 했기에 그때마다 제가 종종 바꿔 달아주었는데, 그 사이 커버린 딸 애가 이제 바늘에 실을 꿰어 스스로 고무줄을 바꿔 달았던 것이지요.

전 그날부터 딸을 **성인으로 대하기로 했습니다.** 물론 그 전에도 딸애를 아이 취급하지 않으려고 신경을 써오긴 했지만, 그날부터는 정말 주변의 다 큰 어른에게 하듯 똑같이 대하기로 마음먹은 겁니다.

아이와 대등한 관계

그렇다면 어떻게 하는 것이 자녀를 성인으로 대하는 행동일까요? 아이가 저녁식사를 남겼다고 가정해봅시다. 이때 엄마는 "편식하지 말고 다 먹어!"라고 말하기 쉽습니다. 엄마에게 그런 소리를 들은 아이의 마음은 어떨까요? 반발심이 생기거나 기가 죽거나 둘 중 하나입니다. 하지만 이때도 아이를 성인으로 대해줘야 생각하는 힘을 기를 수 있습니다. 4장에서 알려드린 질문력을 활용해보세요.

"오늘은 왜 밥을 남겼어?"
"먹기 싫은 거라도 들어 있었니?"
"어떻게 하면 다 먹고 싶어질까?"

이처럼 다정하게 묻는다면, 아이는 날마다 무심결 먹던 식사가 어땠는지 새삼 생각하게 될 겁니다. 그렇게 이야기를 나누다가 아이가 '엄마는 내가 더 먹길 바라는구나' 하고 알아챘다면 더 먹을 수도 있겠죠.

이처럼 아이를 나와 똑같은 성인으로 대하면, 부모와 아이의 관계가 크게 달라집니다. 누군가가 위에서 자신을 깔아보며 명령하는 것을 좋아할 사람은 이 세상에 없습니다. 그런데도 부모는 아이에게 늘 명령을 하지요.

어릴 때는 부모를 거스르는 법을 모르기 때문에 어쩔 수 없이 따르지만, 그럴 때도 아이는 마음속에 '반항의 싹'을 선명하게 틔워 올립니다. 그리고 이 같은 경험이 거듭되다 보면 그 싹이 점점 자라나게 되고, 언젠가 몸집이 커지고 여러 경험을 통해 지혜가 생기면 부모에게 반항하기 시작합니다. 이른바 '사춘기'가 찾아오는 겁니다. 그러면 부모도 아이도 지쳐서 나가떨어지기 십상입니다.

그렇다고 너무 걱정하지 마세요. 오늘부터라도 아이를 한 인간으로서 존중하고 성인으로 대해준다면, 아이도 스스로 생각하고 행동하게 됩니다. 다시 한 번 강조하지만, 아이에게 생각하는 힘을 길러주고 싶다면 성인에게 하듯 대해주세요. 언뜻 보면 무슨 연관이 있을까 싶겠지만, 아이가 자신을 '성인으로 자각'할 때, 생각하는 힘도 싹을 틔웁니다.

아이를 강력하게 통제해 부모의 말에 굴복하는 아이로 키울지, 아니면 먼 미래를 내다보며 스스로 생각하고 행동하는 아이로 키울지는 여러분의 선택에 달렸습니다. 하지만 어느 쪽이 더 좋은지는 여러분도 이미 알고 있을 거라 생각합니다.

자, 이것으로 제가 이 책에서 하려 했던 이야기는 모두 끝났습니다. 이제는 여러분이 실천하는 일만 남았습니다. 지금 당장 할 수 있는 일부터 시작해보세요. 첫걸음을 내딛는 것이 중요합니다. 그 첫걸음이 당신의 자녀에게 빛나는 미래를 열어줄 겁니다.

아이를 크게 성장시키는
엄마의 말하기 연습

◇ '우리 아이는 어디까지 할 수 있을까?'

◇ "방에 전구가 나갔던데 갈아줄래? 탁자도 흔들거리니까
　나사 조여주고. 선반 위에 올려 둔 물건 좀 갖다 줘."

◇ "다음엔 더 잘할 거야!"

◇ "오늘 가족들이 입은 옷 전부를 빨아주렴."

◇ "빨리 결정해볼까?"

◇ "틀려도 괜찮아. 다시 하면 되니까."

◇ "그 정보들을 종합해서 너 스스로 판단을 내려보렴."

◇ "오늘은 왜 밥을 남겼어?"

◇ "먹기 싫은 거라도 들어 있었니?"

◇ "어떻게 하면 다 먹고 싶어질까?"

에필로그

공부력 향상보다 중요한 것

마지막으로 질문을 하나 드리겠습니다. 여러분은 왜 아이에게 생각하는 힘이 생기길 바라나요? 물론 공부력이 향상되길 바라는 마음이 클 겁니다. 그럼 왜 공부력이 향상되길 바라나요? 성적이 올라 좋은 대학교에 보내고 싶어서? 대기업에 입사해 많은 연봉을 받게 하고 싶어서?

이 역시 중요하지 않다고는 할 수 없겠죠. 하지만 공부력이나 성적보다 먼저 생각해봐야 할 것이 있습니다. 바로 '내 아이가 어떤 사람이 되면 좋을까?' 하는 것입니다.

'자립적인 사람이 되었으면.'
'스스로 밥벌이를 할 수 있었으면.'
'행복한 가정을 꾸렸으면.'

아마 이런 목표를 가지고 아이를 키우는 부모가 대부분일 겁니다. 저도 세 아이를 기르면서 늘 이런 생각을 하곤 했지요. 하지만 저에게는 앞에서 말한 것처럼 큰 바람이 하나 있었습니다. '아이들이 장차 사회에 이바지하는 사람이 됐으면 좋겠다'는 소망 말입니다.

자립적인 사람, 스스로 밥벌이를 하는 사람, 행복한 가정. 이 바람들의 공통점은 그 모든 것의 초점이 **'혼자만의 행복'**에 맞춰져 있다는 겁니다. 그러나 인간은 혼자 살지 못합니다. 자신의 가족과만 살 수도 없죠. 주위에 있는 여러 사람의 도움을 받으며 살아가는 게 인생입니다.

오늘 저녁으로 당신이 따뜻한 카레라이스를 먹었다면, 여러 사람이 힘을 보태주었기 때문입니다. 감자와 양파, 쌀을 재

배하는 농부와 소를 기르는 축산업자, 식재료를 운반하는 트럭 기사, 마트에서 식재료를 판매하는 사원에 이르기까지 헤아릴 수 없을 만큼 많은 사람이 힘을 보태준 덕분에 카레라이스를 먹을 수 있었죠. 그러니 나와 내 가족만 행복해지는 목표를 세우는 것으로는 뭔가 부족하지 않을까요?

저는 아이들이 사회에 이바지하는 성인으로 자라는 데 반드시 '생각하는 힘'이 필요하다고 믿습니다. 생각하는 힘을 기르면 공부력은 저절로 향상됩니다. 최고의 학력은 목표가 아니라 그저 지나는 길이어야 합니다.

여러분이 이 책을 어떤 이유로 선택했든, 책을 모두 읽고 난 지금 공부력보다 더욱 중요한 것이 무엇인지 깨달았다면, '역시 책을 쓰길 잘했구나' 하며 웃을 수 있을 것 같습니다. 이 책을 쓰는 데 많은 조언과 격려를 해준 출판사와 편집자에게 정말 고맙습니다.

저희 세 아이들 또한 옛날에 있었던 일이나 실제 경험, 당시에 느낀 점 등을 돌이켜보면서 제게 많은 도움을 주었습니다. 아이들이 없었다면 이 책은 세상에 나오지 못했을 겁니다.

에필로그

이제 저보다 몸집이 더 커진 아이들이지만, 제 눈에는 한없이 귀엽기만 합니다. 이 책을 쓰면서 가족 간의 사랑이 더 끈끈해진 것 같아 정말 행복합니다.

그럼 이 세상 모든 아이들이 생각하는 힘을 길러 장차 사회에 이바지하는 날이 오길 바라며, 이만 글을 마치겠습니다.